成功者的态度包含众多的成分。但是，最重要的是具有自信心。

——本杰明·富兰克林

confidence=Success

提高你的自信力

翟文明 著

光明日报出版社

图书在版编目（ＣＩＰ）数据

提高你的自信力 / 翟文明著 . –– 北京：光明日报出版社，2011.6（2025.1 重印）
ISBN 978–7–5112–1101–9

Ⅰ . ①提… Ⅱ . ①翟… Ⅲ . ①成功心理—通俗读物 Ⅳ . ① B848.4–49

中国国家版本馆 CIP 数据核字 (2011) 第 066102 号

提高你的自信力

TIGAO NI DE ZIXINLI

著　　者：翟文明

责任编辑：温　梦　　　　　　　　　责任校对：文　蘂
封面设计：玥婷设计　　　　　　　　封面印制：曹　净

出版发行：光明日报出版社

地　　址：北京市西城区永安路 106 号，100050

电　　话：010–63169890（咨询），010–63131930（邮购）

传　　真：010–63131930

网　　址：http://book.gmw.cn

E – mail：gmrbcbs@gmw.cn

法律顾问：北京市兰台律师事务所龚柳方律师

印　　刷：三河市嵩川印刷有限公司

装　　订：三河市嵩川印刷有限公司

本书如有破损、缺页、装订错误，请与本社联系调换，电话：010–63131930

开　　本：170mm×240mm

字　　数：175 千字　　　　　　　　印　　张：13

版　　次：2011 年 6 月第 1 版　　　　印　　次：2025 年 1 月第 4 次印刷

书　　号：ISBN 978–7–5112–1101–9

定　　价：45.00 元

前 言
PREFACE

自信是成功的第一秘诀，自信是人格的核心力量。一个人，不管你学识如何渊博，经验如何丰富，理想多么远大，如果没有了自信，所有的优势便会失去其应有的价值。只有建立了自信，优势才能得以发挥，价值才能得以实现，人生才能获得成功。

自信是人们事业成功的阶梯和不断前进的动力。自信，能使人产生奋斗的力量、进取的勇气和拼搏的毅力，能给人取之不尽、用之不竭的才干；有了自信，我们就能使不可能成为可能，使可能成为现实，从而创造出一番惊天动地的伟业。

缺乏自信是一件非常可怕的事，它剥夺了你成功的机会，浪费了你宝贵的时间，甚至伤害你的感情，把你彻底击垮。在极端的情况，它甚至会使你走向自我毁灭。

有个科学家曾做过这么一个实验：他用一个 20 厘米高的玻璃罩罩住一只跳蚤，跳蚤想跳出玻璃罩，但无论它怎么努力，每次跳起都会被 20 厘米高的玻璃罩挡下来。过了一段时间，当这位科学家取下玻璃罩时，发现这只跳蚤只能跳 20 厘米高了。

他又用了一个 10 厘米的玻璃罩罩住跳蚤。几天后再对这只跳蚤测试，发现它只能跳 10 厘米高了。后来，他换了一块玻璃板压着跳蚤，结果，跳蚤变成了爬蚤，再也不会跳了。

现实生活中，许多人也在过着这样的"跳蚤人生"。在人生的道路上，他们也曾追求成功，但在屡屡失败以后，便开始怀疑自己的能力，就像实验中的跳蚤，即使阻碍它跃起的条件已经消失，但由于先前被撞怕了，就不敢再跳了，甚至开始习惯爬行。难道跳蚤真的不能跳了吗？绝对不是，只是它丧失了自信，在心里默认自己是个失败者罢了。

丧失自信，默认自己是个失败者，是人无法取得伟大成就的根本原因之一。一个人，一旦缺乏自信，做事时就会犹犹豫豫，畏畏缩缩，任由机会和成功从眼前滑过；就会自怜自卑、自暴自弃，对一切都不抱希望，听任命运的摆布。

所以，每一个渴望成功、渴望有所作为的人必须建立自信。

要知道，自信既不是一种天赋，也不是与生俱来的自然力量，它是一种发自内心的感觉，是隐藏在我们身上的秘密宝藏。但是，这并不是说，我们不需要任何努力就能获得自信，建立自信。要知道，宝藏是需要开发的，自信是需要训练的。

本书以成功学为出发点，结合中国人的实际需要，对自信的重要性、自信的本质作了深刻阐述；借鉴国内外心理学研究的最新成果，对如何建立和提高自信心给出了操作性很强的科学方法。这些方法经过实践证明，是行之有效的。读者通过阅读本书，并在本书的指导下一步步操作实践，不仅能使你的心理得以调适，也能够帮助你切实提高自信心，以更饱满的激情开创属于自己的成功之路。有了自信，你就能在绝望中看到希望，在黑暗中想到光明，在缺点中找到优点。有了自信，你就有了取之不尽的激情和动力，有了你想要的乐观情怀和成功人生。

目 录
CONTENTS

说出你的需求 / 测试：你忠于自己吗

有了目标，内心的力量才会找到方向。付诸行动，一切才会有所改变。

说出你的需求 / 分解目标，逐步前行 / 你的动力是什么 / 不怕风险，用勇气引领人生

行动是取得成功的关键，是建立信心的基础。周密的计划、高超的谋略、远大的理想，若不付诸行动加以实施，一切都是纸上谈兵，没有任何意义。

勇敢地迈出第一步 / 每天付诸行动，直至成功 / 创造一个激动人心的未来 / 做好个人时间管理 / 不能行动起来该怎么办 / 测试：你是实干家还是梦想家

挫折就像一块石头，让你却步不前；而对于强者来说，挫折却是垫脚石，使你站得更高。

失败只是暂时停止成功 / 笑对挫折，坚持到底 / 只有绝望的人，没有绝望的处境 / 尽快从挫折中恢复 / 测试：你对挫折的承受能力

拿破仑说："默认自己无能，无疑是给失败创造机会。"人一定

要摆脱自卑，不能让心中的隐形批评打败你自己。无论在什么样的境况下，我们都要相信自己，没有谁比我们自己更能决定我们的命运。

自卑，成功的阻力 / 善待犯错的自己 / 摘下"伪装自信"的面具 / 超越自卑，走向成功 / 测试：你是一个自卑的人吗

恐惧会使你夸大事实，增加无畏的痛苦和烦恼，会使害怕的阴影变长。信心不足在很大程度上是由恐惧引起的，实际上，信心本身就意味着面对困难和压力时毫不畏惧。

不要把担心当成习惯 / 被人拒绝又怎么样 / 理性地对待批评 / 害怕成功会让你踌躇不前 / 测试：你有恐惧症吗

最有力的依靠就是你自己，让你的行动符合言语，让你的行动符合内心，通过行动产生信心。

对你的健康负责 / 保持充沛的精力 / 善用头脑中的催眠师 / 利用想象力提升自信 / 借鉴他人成功的经验 / 身心合一，获得自信 / 培养自信的体态语 / 每天自信训练

在很大程度上，一个人的快乐取决于他的人生观。快乐就像自信一样，是个人的责任，虽然别人有时会有让你更快乐的义务，但最终你有多快乐还是取决于你自己。

成功是什么 / 什么阻碍了现在的幸福 / 测试：你是一个快乐的人吗

自信者犹如森林之中一棵枝繁叶茂、昂首入云的巨树，无语中透着果敢、坚毅。自信者永远是出色的，因为他们都具有像阿基米德似的那种"给我一个支点，我将撬起整个地球"的豪迈。

激情四射的公众讲演 / 打造商业上的成功 / 摆脱逆来顺受的心态

第1章

你有自信吗

人生最大的悲剧就是我们活着却不知道自己有多大的潜能和自己应该做什么。所以，我们要尽可能客观地认识、评价自己，进行自我分析，进而建立自信。

第一节 你的自信力如何

真正的自信就是喜欢自己，相信自己。相信自己像别人一样应该得到生活中的美好东西。获得自信的过程并不神秘，那就是改变自己对自己的看法。

自信是什么

自信的人相信自己能够取得成功，并确信自己有能力去应付任何棘手的问题，而不会被任何困难和挫折所击倒。

有社交自信的人敢于独自参加某个没有一个熟人的大型聚会，并且相信自己会过得很开心。因为他认为："我能够与人友好相处，也善于与陌生人交谈。"正是因为有着这样的态度，即便最初碰到一些困难，也不能阻止他们前进的脚步，他们更不会因为困难而中途放弃。他们会热情大方地与人交谈，直到最后找到一个与自己谈得来的人为止。

对自己的工作有信心的人会以一种愉悦兴奋的心情接受一项艰难的任务："我不知道该如何去完成这项任务，但我希望工作中有这样的机会去迎接新的挑战。"在工作中出现错误或遇到问题时，他们总会积极地总结经验并尝试不同的方法，坚信自己能够战胜困难。

在遇到困难时，你只要像他们一样坚信自己能行，你就能做得更好，你就能成功。

如若你没有自信，你不但会说自己不行，你还会用行为证明自己确实不行。比如，你觉得自己英文口语能力不行，当公司有外国客人来需要你接待时，你便会在内心暗示自己："我永远不会流利说英语，我肯定要犯错误！"结果你在接待客人的时候就真的出了错，说话磕磕绊绊，这更加证实了你对自己的看法。于是，在以后的日子再遇到类似的情况时，你就放弃尝试，转而让你认为能够胜任的人代劳。在这里，你没有把犯错误和遭受挫折看成提升自己的机会，而是把它们当成了放弃学习的借口。

再比如，曾经的一次失败的恋爱，常常会使不自信的你在重新开始约会时，每次相处都很紧张，因为，你的心中总有一个声音在告诉你："他不会喜欢我的"或"我无法更好地与他谈下去"。这样的自我暗示将会使你变得敏感，一次很平常的约会，或者见到了一位你本不想与之进一步发展关系的人，都会把你的这种恐惧加剧。因此你可能不敢再去进行新的尝试。

从以上的事例中可以看出，信心的力量是巨大的——如果你认为自己能赢，并坚信自己的想法，那么你就一定能赢；如果你认为你会被挫折击倒，你就会真的被打倒；如果你认为自己会失败，你就肯定会失败。正如法国存在主义大师、拒绝接受诺贝尔奖的萨特说的那样："一个人想成为什么样的人，他就会成为什么样的人。"你就因为缺乏自信而成了一个失败的人。

那么，自信到底是什么呢？自信就是自己相信自己。

自信对一个人来说是非常重要的，因为一个人如果自己都不相信自己，别人就更不可能相信他。

当受到外界的压力或不被外界承认的时候，比如公司上司指责你："这个事情怎么做成了这样？"而实际上，你已经在客观条件允许的情况下尽最大能力做到了最好。此时，面对上司的指责，你是对自己的能力表示怀疑，还是表现得很自信。请相信，如果这时候你表现得很不自信，那么你的上司更加会坚信自己的判断是正确的。

自信是一种心态，是一种看待世界的方式，是一种生活态度。如果人的生命中只剩下一个柠檬了，没有自信的人会说："我完了，什么都没有了。"然后他就开始怨天尤人，抱怨这个世界，让自己沉浸在自卑自叹的可怜境地中。有自信的人则会说："太好了，我还有一个柠檬！"进而他会考虑："我怎样才能用一个柠檬改善我的生活呢，我怎样才能把这个柠檬做成柠檬水呢？"

从自信的表现形式看，它通常具有3个层面的含义，即对自己能力的信任、非能力的信任和潜能力的信任。

■ 能力自信

自己能做的事情，就相信自己一定能做到，勇于将自己的能力体现出来，该表现自己的时候就要表现。这种自信能使你保证不受周围的环境的影响，正常而充分地发挥自己的能力，做好能力范围之内的事情。

■ 非能力自信

自己不能做的事情就是不能做，坦然接受这一现实，不会觉得不能做就是自己能力不行。比如，你是跳水高手，就没有必要因为自己举重不行而自卑。非能力自信是能力自信的保证，你如果有了能力自信，又有了非能力自信，就会充分地展示自己的能力。

金无足赤，人无完人，没有人能够做好世界上所有的事情，但是，人生在社会中，总会有人对你所不能做的事情进行这样或那样的评价，甚至是恶意中伤。所以，你一定要避免这些负面评价对你的影响，不要让这些非能力之事导致自己对自己能力的不信任。非能力的不自信会导致对整个事情的不自信，很容易导致失败。

■ 潜能力的自信

人的潜力巨大，有时并不被自己所认识。比如，有些事本来是你认为自己没有能力做好的，但是当你遭遇到困境的时候，你就会下意识地为之拼搏、努力，结果你的确做得很好。所以，在任何情况下，人都要相信自己的潜能力，你相信了，就能做到，这就是潜能力自信。

人与人之间的区别很小，只是有人敢做、有人敢说、有人敢想，而你不敢。其实，别人能做到的事情只要你敢去做，你也能做到，也能做好，所以你一定要对自己有信心。

相信自己有能力做好的事情，心安理得、心平气和地去做，这是自信；相信自己没有能力做好，就不去做，不做仍然能够心安理得，这也是自信。所以要懂得自信的含义，有一个良好的心态：对能力所及的事情，坚信自己能够做好；对能力不能及的事情，也坦然接受。这是需要我们培养的自信习惯。

生活中，我们常会接触到一些缺乏自信的人，这些人在某些方面往往非常优秀——有的人精通厨艺，有些人擅长园艺，有些人做事精益求精，细致认真，有些人很受孩子们的爱戴，但是，他们都对自己身上这些难得的优点视而不见，反而把注意力集中在自身的弱点上。结果，他们因为看不到自己的优点而生活在悲观中，他们的生活就失去了平衡。

自信的人正和他们相反，自信的人通常会把精力集中在他们自认为最擅长和最有把握的地方，并以此来弥补其他方面的不足或缺憾。拥有自信力的人自然就比不自信的人快乐和成功。

拿破仑·希尔说："信心是'不可能'这一毒素的解药。"这位励志大师的言外之意无非是说：有了自信就没有什么是不可能的了，信心的力量是惊人的，它可以改变恶劣的现状，造成令人难以置信的圆满结局。有自信力的人是永远打不倒的，他们是永远的胜利者。

汤姆·邓普西生下来只有半只左脚和一只畸形的右手。但他的父母亲经常这样告诉他："汤姆，其他男孩能做的事情你都能做到。为什么不能呢？你没有比任何人差劲的地方，任何孩子可以做的事情，你一样可以做到。"因此，邓普西从来没有因为自己残疾而感到不安，也没有丝毫的忧虑，他相信父母的话是正确的。结果，他能做到所有健全的男孩子所能做的事：如果童子军团行军 10 千米，汤姆也可以同样走完 10 千米。

后来他玩橄榄球，他发现，和他一起玩的那些男孩子踢球都不如他，他能把球踢得比他们远多了。于是，他请人专门为他定做了一双鞋子，参加了踢球测试。

但教练却委婉地告诉他，他不具有做职业橄榄球员的条件，并尽量劝他去试试其他的行业。他只好申请进入新奥尔良圣徒队，并请求教练给他一次机会。教练虽然心存怀疑，但看到他对自己充满了信心，对他有了好感，就抱着试试看的态度收下了他。

两个星期后，教练对他的好感加深了，完全改变了最初对他的看法，因为他在一次友谊赛中踢出了 55 码远的好成绩并为本队得了分。他获得了圣徒队职业球员的身份，而且在那一季中他为球队踢得了 99 分的好成绩。

那天，球场上坐满了 6 万多球迷。比赛只剩下了最后几分钟，圣徒队已经把球推进到了 45 码线上。"汤姆·邓普西，进场踢球！"教练大声对他说。当汤姆走进场的时候，他知道他所在的队距离得分线有 55 码远，他只有踢出 63 码远，才能为本队得分。但在正式比赛中踢得最远的记录是 55 码。汤姆闭上眼睛对自己说：我一定能行！

6 万多球迷屏住呼吸观看。球传接得很好，邓普西全力踢在球身上。球笔直前进，在球门横杆之上几英寸的地方越过。球迷狂呼高叫，为这最远的一球兴奋不已。

他所在的球队以 19 比 17 获胜。

"真是难以相信！"有人大声叫道。这居然是只有半只左脚和一只畸形右手的球员踢出来的。但汤姆只是微微一笑，因为他想起了父母，他们一直告诉他，他能做什么，而不是他不能做什么。正如他自己所说的："我从来不知道我有什么不能做的，他们从来没有这样告诉过我。"

可见，事物本身并不影响人，人们只受自己对事物的看法的影响。不是因为有些事情难以做到，使你失去了自信，而是因为你失去了自信，有些事情才显得难以做到。如果你有足够的自信力，那么你所发挥出来的力量将会使你大吃一惊。所以，每一个人都要树立自信，要提升自己的自信力，要相信自己。即使自己一时不被这个世界接受，依然要积极地把自己融入这个世界中去，不断地改善自己，坚信自己最终会被世界接受。

人生来没有什么局限，无论男人还是女人，每个人的内心都有一个沉睡的巨人。不要贬低自我，因为我们每一个人都有力量变得更加强大。

自信——就是要从点滴的进步开始。

自信——就要正视自己的缺点并勇于改正。

自信——就要为自己鼓掌，为自己喝彩，为自己加油。

自信——就是要勇敢地面对失败与挫折，百折不挠。

自信——就要信任自己，对自身发展充满希望。

自信是一种态度，它让你勇敢地面对一切，快乐地接受一切，让你为了梦想而奋斗着，幸福地活着。

信心不足的恶果

要想增加自信，首要的问题就是要考虑一下信心不足的恶果，即信心不足会给我们带来怎样的负面影响。

没有自信的人的共同之处就是不愿意听取别人的建议，对自己做出一些改变。他们并没有意识到是他们的内心在抗拒，而总是找出各种各样的理由，然后心安理得地拒绝采取任何行动。没有行动，想必不会有任何结果。

缺乏自信的人往往患得患失。尼克松是我们极为熟悉的美国总统，但就是这样一个大人物，却因为缺乏自信而毁掉了自己的政治前程。

1972 年，尼克松竞选连任。由于他在第一任期内政绩斐然，深得民心，所以大多数政治评论家都预测尼克松将以绝对优势获得胜利。

然而，尼克松本人却很不自信，他走不出过去几次失败的心理阴影，非常担心再次失败。在这种潜意识的驱使下，他鬼使神差地指派手下的人潜入竞选对手竞选策划总部所在地——水门饭店，在对手的办公室安装了窃听器。事发之后，如果他能够坦然承认错误，也许会获得民众的谅解，但他却连连阻止调查，推卸责任。结果，在选举胜利之后反而因此事被迫辞职。

自信不足常常会使人安于现状，甚至逃避应当承担的责任。当他面对自己完全可以胜任的工作时，他总是主观地对自己说"我不行"。即使别人都认为他能够胜任这个任务，他仍然感觉自己不能胜任。他认为现实中的情况并不那么简单，别人是因为对自己了解得不够，或者是对客观情况估计的不足，才会误以为自己能胜任这个工作。

自信不足的人就是这样善于寻找各种理由，以便拒绝接受任务。客观条件不行往往是信心不足的人拒绝尝试的托词。

下面再列举一些信心不足的表现以及信心不足带来的后果。这些现象也许在你的身边比比皆是。

■ 拒绝新的尝试

在通往成功的路上，我们不可避免地要时常遭遇失败，并且失败也总是在我们的自信最薄弱的地方给予我们致命的一击，让我们无法继续前进。为了避免失败，缺乏自信的人就有了一定之规：既然做不到，干脆不做；凡是自认为不能做好的事情也不去做。

缺乏自信的人为了保护自己，永远不去尝试，就永远也不会成功。

仍以感情方面受到伤害的不自信的人为例。在抱有独身主义的人群中，有很大一部分曾经遭受过感情的伤害。他们为了避免再一次受到伤害索性不要感情了。他们不是真的不需要爱情，而是因为害怕追求爱情受伤才退而求其次选择独身的。不可否认，这些独身主义者在选择保护自己的同时，也因噎废食，丧失了获得幸福的机会。

"不怕一万就怕万一"，这句古谚告诫我们凡事要谨慎，这是很可取的思维方式。可是，这种思维方式如果落在信心不足的人身上，其结果则是为了防止发生万一，在不遗余力地遵循这条规则的同时，也拒绝了万种可能。

还有一些人，不愿意尝试的原因不是因为不能做，而是因为他们太追求完美了，他们认为做就做到最好，要么就不做。为了避免出现"瑕疵"，他们索性不做。其实，这也是逃避责任的一种借口，是自信心不足的一种表现。

■ "假谦虚"

有些人的不自信看起来好像是谦虚，而其实质则是在谦虚的保护下，逃避责任。他们总是非常大度地把机会让给别人，并且还对别人和自己说："噢，这个我不擅长。"某省城的一家律师事务所接到了一件有关国际经济贸易的案件，所里的其他人都没有接触过国际经济法，只有小张一人是国际法专业毕业的，所里研究决定让他接管这个案子，但他说自己专业学的不够扎实，还是让别人来做吧。最后所里的另外一个人接下了这个案子。这是个标的很大的案件，仅5%的提成就有几百万，小张后悔不迭。正是这种所谓的"谦虚"让他失去了一次很好的锻炼机会，也失去了几百万元的收入。

如果你想要逐步建立自信，从而迈向成功的彼岸，那么就一定要放弃诸如此类的想法。

■ 可怜卑微的想法

这和前面的假"谦虚"很相似。这类不自信的人，总会在别人面前表现出自己能力不足，或者总试图引起在自己不擅长的领域里的那些自信而有能力的人的注意，因为他们发现在人前示弱能给自己带来很多同情和关注，并能享受到一份特别的"关爱"。这难免会纵容这些不自信的人越发的不自信，甚至放弃努力，放弃改变，放弃提高。比如，电脑新手永远是电脑新手，他们一点也不用去改变自我，因为他们总是以"我是新手，请你帮一下忙"为理由，让其他人来帮助他们解决问题。

■ 高傲自大

也许有人认为，不自信的对立面就是自负和骄傲，事实上，那些夸大或炫耀自己的能力的人在内心深处反而是最没有自信的。他们怕别人瞧不起，所以总是忍不住要把自己吹嘘一番。

■ 推卸责任

有些缺乏自信的人为了搪塞自己的失败，往往会把责任推卸到社会或他人身上。无论遇到任何需要承担责任的事情，这些人都会把自己抖落得一身轻，常把"这事与我无关"或"那是某某的问题"等挂在嘴边。这些人不是没有责任感，而是无法接受、面对自己不能承担责任这一事实，所以就采用这种自我防御的方法来让自己的内心放松。

这些自信不足的恶果能引起你的关注了吧。

你是自信的人，还是不自信的人？回答这个问题时，你应该坦诚地回答这个问题。如果，你已经意识到自己正在被信心不足的恶果牵绊着前进的脚步时，你就要想方设法地改变自己，提高自己的自信力了。

你需要提高自信力吗

通过上一节的内容，我们了解了缺乏自信心的几种表现。其实，从人们日常的言语中，我们也很容易地就能感觉出谁是自信的人，谁是不自信的人。

自信的人经常说的话：

是的，我行。
我能顺利地开始一项计划。
问题使我更加努力。
我有很大的决心。
我一定要追求我的目标。
我对自己的未来充满希望。
我肯定能实现预定的目标。
我期待着明天的到来。
我要完成我已经开始做的事情。
如果摔倒了，我会马上爬起来。

自信的人在解决问题、寻找方法时说的话：

我的问题有多种解决方法。
我肯定知道如何解决问题。
对我来说，很轻易地就能找到如何完成任务的方法。
我很少有找不到解决方案的时候。

没有自信的人经常说的话：

不，我不行。
我不能开始一项计划。
坚持到底对我来说很困难。
我缺乏决心。
在追求目标的过程中会遇到不少麻烦。
我对未来没有多大希望。

如果我摔倒了，我就不再前进了。

我不期待明天的到来。

我对要发生的事情没有做好心理准备。

没有自信的人在解决问题、寻找方法时常说的话：

我的问题没有任何的解决方法。

我不知道该如何解决问题。

我非常担心出现错误。

对我来说，想出完成任务的方法很难。

我不擅长制订计划。

我似乎没有很多的选择方案。

这些经典的语言中有你常说的吗？你说的话是自信型的，还是自信不足型的？从你嘴里传递出的信息是令人鼓舞的还是让人沮丧的？

有一点需要声明，即便你所说的都是类似于不自信的话，你也不要自卑，因为没有经过特殊的训练，很多人都会说出那些信心不足的话。

再提几个问题：你是不是已经习惯于在做报告之前紧张不安，总是害怕自己会出错？或是因为多次约会女孩都以失败告终，所以就不敢去约会女孩了？你是不是因为一次考试成绩不好，以后就在考场很紧张？再仔细想想—— 是否在走到喜欢的人面前很紧张？是否在打重要公务电话之前出现了差错而惶恐不安？对于这些问题，如果你的答案是肯定的，很不幸你已经开始把自己看作最没有自信的人了。

和不自信的人相反，那些自信的人士在面对风险与不确定的状况时，他们表现出的不是惧怕而是积极采取应对措施，以锻炼自己的应变能力。他们已经养成了在困境中迎接风险与不确定因素挑战的习惯。

你是否听到过人们这样评价一个他敬佩的人：他看起来安静祥和，给人一种自然舒适的感觉，在财富和利益的诱惑面前他能坚守自己的内心和原则。这样的人是生活中真正自信的人，正是自信使他看起来祥和，他的内心也不会因为外在的诱惑和外界环境的变化而有所改变，无论在何种情况下，他都坚守自己的信念。

你是否想拥有这样的习惯，你是否想成为像他们一样的人？答案是不言而喻的，让自己成为一个自信的人也是很容易的，因为，自信不是与生俱来的，也不是只有超强能力的人才拥有的，只要架起一座通往自信的桥梁，只要持之以恒，克服光说不练的习惯，任何人都可以拥有自信。

现在，我们权且把自己看成是不自信的人，我们来做一些练习：平静下来，闭上眼睛，想象一下如果现在的你已经是信心十足的人，你的生活中的一切将会变成什么样子——请放松你的身体。

现在，充满自信的你会是什么样的姿态？
充满自信的你说话的声音如何？
充满自信的你会对人们说些什么？
充满自信的你会在头脑中构建一幅什么样的图画？

如果你认真地思考这些问题，相信你一定会比刚才感觉更加自信，因为积极的暗示能让人增强自信。不过，仅仅有暗示是不够的，你还需要不断练习。

经过刚才的放松之后，现在开始进一步的练习，想象一下这样的情景：你满怀信心，面带微笑，从容地走向陌生的人群或是舞台，这会比坐在不起眼的角落里让你更快乐；当你迈着轻快的步伐来到一个吸引你的异性面前，邀请他／她与你约会时，你的每一步都是如此自信，如此引人注目，结果他／她答应了你的请求，想象一下你们正在享受浪漫的烛光晚餐。这是多么美妙的事情啊！

如果这对你来说是不可思议或像是做梦一样，就说明你已经感觉到了训练带给你的惊喜，你已经善于用各种技巧来培养自信了。

经过阅读本书，你很快会了解到自信不仅仅是体内一种积极向上的感受，自信也是一种态度，它能帮你获得动力，创造一切可能，它是一种能帮助你走向成功的一种方法。

现在，我们进行第三步练习，设想一个更加自信的你坐在或者站在你的面前。

请你走入这个更加自信的你的世界。凝视着他的眼睛，聆听他的声音，了解他的内心感受。注意在你面前的是那个更加自信的人，坐／站挺直，眼神中透露着自信，身上散发出些许特别的魅力。

走入这个更加自信的你的身体，注意在你面前的是一个更加自信的你——拥有更高的热情，更强的能力，悠闲放松，安逸舒适。

走入这个越来越自信的你，一直到充满自信为止。一定要注意你身体上的表现——你的呼吸如何，你的面部表情如何，你的眼神如何。

这就是你需要做的一切。接着你就会发现一件神奇的事情出现了：你想象中的感觉要好很多，你的精神会更饱满，感觉更有活力，你的身上充满新的力量，你会变得更加自信。

当你继续实践本书技巧，你将会有意识地调节大脑，变得更加自信、轻松、智慧与沉着，有更多的信心来迎接挑战，战胜挫折。

心态一变，世界就变

有个小男孩头戴球帽，手里拿着球棒与棒球，全副武装地走到自家后院。"我是世界最伟大的击球员。"他信心十足地喊道，然后便把球往空中一扔，用力挥棒，却没有打中。他毫不气馁，继续将球捡起来，又往空中一扔，然后再大喊一声："我是世界上最厉害的击球员。"他再次挥棒，可是仍然落空。他愣了一愣，然后自信地将自己的球棒与棒球检查了一遍。之后又第三次把球向空中一扔，这次仍然充满信心对自己喊道："我是最为杰出的击球员。"可惜他还是没有打中。

"哇！"他突然跳了起来，"我真是一流的投手。"

心态一变，世界就变，这就是一念之差导致的天壤之别。人与人之间只有很小的差异，但这很小的差异却往往造成了巨大的差异！很小的差异就是看你所具备的心态是积极的还是消极的，巨大的差异就是成功与失败。

在推销员中广为流传着这样一个故事：两个欧洲人到非洲某个地方去推销皮鞋。由于非洲炎热，当地人都是不穿鞋子的。第一个推销员看到非洲人都不穿鞋子，立刻失望起来："这些人都不穿鞋子，怎么会要我的鞋呢？"于是放弃努力，沮丧地回去了。另一个推销员看到非洲人都没有穿鞋子，惊喜万分："这些人都没有皮鞋穿，这里将有很大的市场，他们一定需要我的鞋子。"于是他想方设法告诉非洲人穿鞋子的好处，引导他们购买皮鞋，最后发了大财而回。

同样是非洲市场，同样面对不穿鞋子的非洲人，由于一念之差，一个人灰心失望，不战而败；而另一个人满怀信心，大获全胜。

你改变不了环境，却可以改变自己；你改变不了事实，却可以改变态度；你改变不了过去，却可以改变现在；你不能左右天气，却可以改变心情；你不能选择容貌，却可以展现笑容。一个人能够成功的关键还在于他的心态。成功者与失败者的差异是：失败者遇到困难，总是挑选倒退之路。"我不行了，还是到此为止吧。条条大路通罗马，我就换一条路吧。"结果陷入了失败的深渊。失败者总是怪罪于机遇、环境的不公，强调外在、不可控制的因素造成了他们的不成功，他们总是抱怨、等待与放弃！

而成功者遇到困难，则保持积极的心态，用"我一定要成功！""我能！""一定有办法"等积极的意念鼓励自己，于是便想尽各种办法去尝试，不断前进，直至成功。成功者将挫折、困难归因于个人能力、经验的不足，强调从内在找原因，并不断向好的方向发展和改进。

成功者与失败者一个最大的差别就是一个是自信的人，一个是不自信的人。自信的人拥有的心态自然是成功者的心态，积极的心态可以帮助自信的人培养让自己更加自信的习惯。

不管你自不自信，如果你想成功，就永远都不要听信从不自信的人口中说出的消极悲观的话，因为他们不但会给自己也会给别人消极的暗示：这不可能，这太难了。因为，在他们眼里根本不可能会有机会，所以即使出现好的机会，他们也看不见，抓不住。甚至他们还会把机会看作一种障碍、一种麻烦。这些人不但自己不去抓机会，还用他们的消极的言论让周围的人也放弃尝试。

有一群青蛙组织了一场攀爬比赛，它们要爬到一个非常高的铁塔的塔顶。一大群青蛙围着铁塔看比赛，给它们加油。

比赛开始了。

说实话，群蛙中没有谁相信这些小小的青蛙能够爬到塔顶，它们都在议论："这太难了！它们肯定到达不了塔顶！""它们绝对不可能成功，塔顶对我们青蛙来说实在是太高了。"

听到这些，一只接一只的青蛙开始泄气了，纷纷退出比赛。赛场上只剩下了几只情绪高涨的青蛙还在往上爬。

观看比赛的青蛙们继续把"加油"变成"太难了，没有谁能够爬到塔顶的"。结果，更多的青蛙退出了比赛。现在，只剩下一只青蛙了，它越爬越高，一点也没有放弃的意思。它费了很大的劲，终于成了唯一到达塔顶的胜利者。

有一只青蛙记者跑上去采访那胜利者哪来的那么大的力气爬完全程，结果这只青蛙置若罔闻，原来，它是聋子。

外界言论对人的行为会产生影响，如果一个人听到的总是充满力量的话语，则会对他的行为产生积极的影响，反之，就会有消极的影响。所以，如果要保持积极、乐观的心态，当有人告诉你不能做到时，你就要变成"聋子"，对此充耳不闻！同时要不断地告诉自己：我一定能做到！我一定要成功！

当我们开始运用积极的心态把自己看成一个自信力超强的人时，我们就开始自信了。正像成功学大师卡耐基所说："一个对自己内心有完全支配能力的人，对他自己有权获得的任何东西也会有支配能力。"

谁想变成自信的人，谁要收获成功的人生，谁就要做个好农夫——不仅仅要播种下积极乐观的种子，还要不断给这些种子浇水，给幼苗施肥。随着你的不断行动与心态的日益积极，你就会慢慢获得美满人生的感觉，你就会信心日增，从而成为一个更加自信的人。

测试：你是一个自信的人吗

1. 你知道朋友的家在某条街上，可是门牌号你忘记了，这时你会：

A. 按响一家门铃打听；

B. 找电话亭打电话向朋友询问；

C. 慢慢一家家找。

2. 如果你的上司要你对他直呼其名而不是称呼其职称，你会感到：

A. 很高兴；

B. 无所谓，没有什么；

C. 有点不习惯。

3. 进入一个全是陌生人的房间时，你会：

A. 在门口犹豫半天才进去；

B. 等到有其他人进去的时候才随着一起进去。

4. 在日常例会上，你有个新想法去谈，你会：

A. 直接提出；

B. 等到会后向有关人员私下提出；

C. 希望有人代你提出。

5. 你和家人一起去餐厅吃晚饭，看到一个你非常喜欢的名人。你会：

A. 极想请他签名，但不敢去；

B. 在家人的鼓励下，大胆提出你的要求；

C. 自然地走到他桌前问好。

6. 一次小型聚会上，你看到一位吸引你的异性，你：

A. 默默注视他，希望他能够注意到自己；

B. 让好朋友引荐；

C. 主动走过去做自我介绍。

7. 单位搞联欢，领导委托你当主持人，你会：

A. 欣然接受；

B. 答应试试；

C. 坚定回绝。

8. 家里来了一位你从来没有见过面的客人，你：

A. 轻松愉快地与客人进行攀谈；

B. 开始有点紧张，后来就好了；

C. 一直担心自己举止失当。

9. 买回一件新款的时装，你何时开始穿?

A. 先放着，等到家人催促才穿;

B. 看到周围有人穿上同一款的才敢穿;

C. 买完就穿上。

10. 你是合唱队的成员，指挥员给队员排位置，你希望被安排在:

A. 第一排观众视线的焦点上;

B. 最好有队员遮挡的位置上;

C. 随便哪儿，只要不是中间就行。

评分标准

题号 选项	1	2	3	4	5	6	7	8	9	10
A	1	1	5	3	1	5	1	1	3	1
B	3	3	1	5	3	3	3	3	1	5
D	5	5	3		5	1	5	5	1	3

结果分析

10~20分: 你是自信力很强的人，很少拘谨，这使你能抓住更多施展才华的机会。你必须注意分寸感，以维护自己的尊严。

21~37分: 你是一个自信力不强、稍为羞涩的人，这会给你的行事造成一些障碍，但如果处理得当，反而会成为你惹人喜爱的因素之一。

38~50分: 你是一个极为羞涩、对自己缺乏信心的人，不喜欢公开亮相，也不愿意与他人竞争，遇事犹豫不决，不善于与人交际。你不适合领导他人，也不善于把握机会。但另一方面，你为人谦虚谨慎，凡事多为别人着想，这是你的长处。

第二节 你了解自己吗

成功的策略是由自己开始，了解真实的自我，认识自己，从而为自己制定合理的目标；想自己所想，做自己所能做所该做，成为真正成功的人。

认识你自己

心理培训班第一堂课一开始，教授就拿出了一叠大白纸分给学员，让他们为自己画像。学员们都感到很诧异，不知道如何下笔，一个个面露难色。在教授的鼓励下，他们凭印象尽可能画出了各自的容貌。可当他们互相交流画像的时候不禁哑然失笑。有的人本来是方脸，却把自己画成了圆脸；有的人本来是大眼睛，却把自己画成了小眼睛；有的明明很瘦，却把自己画得很胖……还有不少的人下笔犹犹豫豫，线条也就歪歪斜斜；有的画了又涂，涂了又画，面貌模糊不清。

每个人不由扪心自问：这难道就是我吗？我对自己了解多少？又对自己的形象有多大把握？这就是教授的用意，让他们认识自己。

在心理学上有一个"巴奴姆"效应，说的是一种笼统的、一般的，甚至是虚假的人格描述却被认为十分准确地揭示了自己的特性的现象。这个心理想象之所以被命名为"巴奴姆"效应，是因为它缘起于美国19世纪的一位著名的马戏团主持人泰勒·巴奴姆的行为。巴奴姆把博物馆、动物园、马戏团结合起来，创建了内容包罗万象的演出团体。他们周游各国演出。巴奴姆马戏团演出内容包罗万象，丰富多彩，几乎能满足任何一个观众的口味。

巴奴姆效应很容易地就能让人联想起算命先生来。

美国一家报纸上一个自称占星术专家的人，做出了这样一个预测："亲爱的朋友，我们虽未曾谋面，但有遥测能力的我却能说你的性格特征，你信不信？你是一个非常需要别人好评的人，你希望获得别人的赞赏和喜爱，但是你对自己的现状还不甚满意。你的内心蕴藏着巨大的能量，但你还没有将这种能量完全释放出来。尽管你平时遵纪守法，可是在大多时候还是有抵触情绪，甚至有时候搞些小小的破坏。你也有些烦恼，会产生犹豫动摇，可关键时刻还是自己拿主意。你大多时候和蔼可亲、平易近人，能与人侃侃而谈，有时却也显得内向腼腆，极为羞涩，克制自己的言行举止。你有很多美丽的梦想和目标，可一直行动不起来。怎么样？我说得到位不到位？是不是入木三分，一针见血？"

看了上面的一段文字，你是不是觉得很有道理？其实，几乎所有的人都会这么想，因为这些话本来就是适合每一个人的。

不管是"巴奴姆"效应，还是算命先生的把戏，都揭示出了我们的认知心理特点，也迎合了我们认识自己的愿望。

愿望是好的，可事实上，认识他人难，认识自己更难。早在几千年前，古希腊思想家苏格拉底就说出了"认识你自己"的名言，并且这句名言也一直在警示着人类要探求自我的世界，要想办法认识自己，只有这样人类才能更好地认识世界，改造世界。

你也一样，应该常问一问自己："我究竟是怎样的人？"并努力去寻找最接近真实的答案。只有正确认识你自己，你才能变得更自信，才能找准自己的位置和方向，才能避免自卑对心灵的伤害。

有一位漂亮的公主，自幼就被老巫婆关在一座高塔里，巫婆每天都不停地对她说："你的样子丑极了，大嘴巴，小眼睛，塌鼻子，所有见到你的人都会害怕。"公主从小接受这样的教育，她自然而然地就认为自己真的很丑，就不敢逃出去，怕受到别人的嘲笑。直到有一天，一位王子经过塔下，见到这位貌美如花的公主，并极力赞叹她的美貌，公主才改变对自己的认识，自信地跟着王子走了。

其实，囚禁公主的并不是什么高塔，也不是巫婆的法力，而是公主认为"自己很丑，出去就会受到别人的嘲笑"的错误认识。我们或许也正被他人所蒙蔽，从而不能正确认识自己呢。比如有人说你笨，没有能力，你就相信了，不去行动了。你的这种行为不就和那位公主的行为一样吗？

认识自己并非易事，因为人的自我意识是有一个发展和完善的过程的。人在逐步走向独立的过程中，自我意识会大大增强，也会表现出某些偏见："我对自己最清楚！""难道我还不了解我自己吗？"我们常听到人们这样说，其实，这样说的人未必能对自己有着正确的认识，也未必就真正地了解了自己。人们往往对自己的外貌、才能学识、成绩以及自己在别人心目中的地位等，要么估计得过高，要么估计得过低。

对自己评价过高的人会扩大现实的自我，形成错误的不切实际的理想自我，总是认为理想的自我可以轻而易举地实现，常常拿自己的长处去比别人的短处，处处显示自己的优越感，总觉得自己高人一等。他们往往目空一切，过分相信自己的能力，形成一意孤行、骄傲、自大等性格特点。他们往往盲目乐观，以自我为中心，他们只关注自我，遇到事情总是从自己的角度和标准去认识、评价和行动，凡事从自我出发，不顾他人的感受和需要，他们很难被周围环境和他人所接受与认可，也容易引起别人的反感和不满。因此，他们常常没有好人缘。在实际生活中他们容易失败也容易受伤，一旦别人超过自己就不高兴，很容易产生嫉妒心理。别人的快乐与幸福和自己的不幸都能使他很生气，因而他的环境应变能力较差，容易心情沮丧、牢骚满腹，从而影响到自己的身心健康。

对自己估计过低的人，容易产生自卑心理。他们往往会夸大自己的缺点，忽视自我的优点和长处，看不到自己的价值，又不能容忍自己的缺点与不足，于是经常抱怨、指责自己。他们在把理想的自我与现实的自我进行比较时，对理想的自我期望较高，却又无法达到；对现实的自我既不满意，却又无法改进，于是他们在心理上产生自我排斥，否定自己，总觉得自己不如别人，处处低人一等。在身体上嫌弃自己不是长得太胖就是太瘦或太矮，在别人面前没有信心；在事业上缺乏信心，无所作为；在人际交往中羞怯、畏缩，总有低人一等的感觉。这些人自叹不行，却又不甘心，怕别人瞧不起自己，总想做出一些让别人瞧得起的事情，而又不敢去做，他们只好把自己局限于自卑的境地，表现出自信心丧失、情绪消沉、意志薄弱、孤僻、抑郁等心理特点。有这种心理的人对外界反应十分敏感，容易接受消极的暗示，稍微受到点批评就心灰意懒，甚至产生厌世的念头。谦虚谨慎，勇于承认自己某些方面的不足，本是一种美德。然而，凡事过犹不及，如果事事处处都觉得自己不行，对自己评价过低，势必会导致信心的缺乏，最终一事无成。

有人说，人生最大的悲剧就是我们活着却不知道自己有多大的潜能和自己应该做什么。所以，我们要尽可能客观地认识、评价自己，进行自我分析，进而建立自信心。

那么，怎样才能通过正确地认识自己而提高自信呢？下面这些方法不妨试试。

■ 和别人做恰当的比较

要认识自己，就要反省自己。你应多参加集体活动，主动交往，扩大自己的社交圈子，在与别人的比较中去了解自己。能否正确地认识自己，关键就在于你是否善用社会比较的策略，与各种人做尽可能全面的比较，并随时对自我的认识、情感和行为加以反省和审查，不断反省自己的优点和缺点。比较的时候，既要与比你强的人比，也要与比你稍差的人去比。如果总与比自己强的人比，难免会有损自尊；反之就盲目自信。

■ 别让外界的评价左右你的思想

对自己的认识，不仅来源于你自己，更来源于你的父母、朋友、同事以及你生活中的"重要他人"。你应该从多数人对自己的反应中归纳出别人对你的评价。这些评价包括别人对你的外表、能力、性格等直接的评价，对你的言谈、举止和所作所为的行为反应，以及对你的一些期待和要求。

外界评价往往会对你产生很大的影响：当他人的评价与你的自我评价一致的时候，你就会感到很开心；当别人的评价与自我评价相抵触的时候，你就会感觉到自己认为"是"的东西被否定了，而自认为"否"的东西被肯定了，而在这时候就很少有人能够坚持己见了，大多数人都会改变自我去迎合外界的意见。这是错误的做法。

值得推崇的做法是，当你遭遇这样的情况时，也就是说当你发现生活中有着太多的"必须做"、"应该做"的事情时，你要冷静下来思考一下，这些事情究竟有多少是他人强加于你的？或是有多少是你为了获取别人的好感而勉强做的？这样做有利于你从别人对你的评价中清除一些不必要的枷锁，有利于你增加自信，使得前进的脚步更轻快。

■ 别让理想的自我扼杀自信

一个人心目中总会有一些不真实的、实现不了的东西，这些东西并非外界强加给你的，而是你的个人向往，你自己主动要追求的东西。这些东西其实就是你心目中理想的自我。

人人都会有关于个人的未来的美好憧憬，其中重要的成分便是具有更理想的人格境界，诸如公正、勇敢、智慧、幽默、乐观、开朗等等。但由于一个人现有的身心素质和环境条件的限制，很难在各方面都达到完美，因此，理想中的自我与现实中的自我就会存在差距。

理想中的自我可以激发我们前进，引导我们不断完善自我，激励我们实现人生的目标。可是，如果理想中的自我与现实中的自我差距太大，我们就会对自己不满意，甚至经过太多的否定和失望之后，产生自卑。所以，你要在每一个具体阶段，制定出符合自己实际情况的目标，要通过目标缩小理想的自我与真实的自我之间的差距，只有这样，你才能因为顺利实现目标而增强信心，并通过不断制定目标向理想的自我靠近。相反，如果目标过高，脱离实际，根本不可能完成，你的信心会因为遭受致命的打击而一蹶不振，这样你可能就与理想的自我无缘了。

■ 通过自我谈话了解自我

在美国一间黑人教室的墙上，有着这样一句话："在这世界上，你是独一无二的，你生下来的样子，是上帝给你的礼物，你将成为什么样子是你给上帝的礼物。"

"上帝"给你的礼物，你无法选择，但你给"上帝"的礼物——你将成为什么样的人，完全是由你自己做主的，你完全可以通过自我谈话来认识自我，激励自我，控制自我，完善自我，超越自我，从自信走向成功，从成功走向更加成功。

发现你的优势

■ 每个人都有自己的优势

有一天，动物们决定设立学校，教育下一代如何应付未来的挑战。经过多方协商，校方决定设定飞行、跑步、游泳以及爬树等课程。为了方便管理和教学，校方还要求所有的动物们一起上课，并修完全部课程。

鸭子的游泳技术一流，飞行成绩也可以，可跑步就差远了，甚至不及兔子的1/10。为了弥补跑步成绩的不足，鸭子只好在课余时间加强练习，甚至放弃游泳。最后脚掌都磨破了。期末测试，鸭子的跑步成绩依然没有提高，游泳成绩也变得一般了。校方可以接受鸭子平庸的游泳成绩，只有鸭子为自己深感不值。

兔子在跑步课上名列前茅，可是对游泳一筹莫展，它跳到水里只有乱扑腾的分儿，每次都是鸭子把它救上来。兔子一上游泳课就精神紧张，甚至有的兔子为此精神崩溃。

松鼠爬树最拿手，可飞行课的老师一定要他从地面起飞，不让他从树顶上向下跳，弄得松鼠神经紧张、肌肉抽搐，最后爬树成绩也落后了，跑步就更不行了。

这个故事虽然缺乏真实性，但其中却不乏深刻的道理：小兔子根本不是学游泳的料，鸭子也不是跑步的料，松鼠也不是飞行的料，即使再刻苦兔子也不会成为游泳能手，鸭子也不会成为跑步高手，松鼠也不会成为飞行员。相反，如果训练得法，让他们尽可能发挥自己的优势，兔子可能成为跑步冠军，鸭子可能成为游泳冠军，松鼠可能成为爬树冠军。这说明动物学校设置的课程阻碍了他们优势的发挥，使他们变得没有自信，甚至有些动物精神都出现了问题。

很显然，动物学校的做法是违背成功心理学的。

心理专家通过研究发现，人类有400多种优势，可在成功心理学家看来，拥有几种优势本身并不重要，最重要的是人应该知道自己的优势是什么，然后将生活、工作和事业发展都建立在优势之上，这样才可以获得更多的自信，事业才会成功。也就是说，判断一个人是不是成功，最主要的是看他能否最大限度地发挥自己的优势。因为，如果一个人集中精力发挥自己擅长的、能取得成功的方面，他就会变得越来越有自信。这正是我们所倡导的"扬长避短"。自信力强的成功人士尽管其成功的路径各异，但他们都有一个共同点，就是"扬长避短"。

而当一个人把精力用于弥补缺点时，就会因为过分关注自己的缺点和失败，就会无暇顾及优势的发挥，或者对自身的优势熟视无睹，使自己陷入失落和信心匮乏的深渊。这样的人很难把注意力集中在自己擅长的方面，积极地去发掘自身的优势。

周渔是一个30岁左右的家庭妇女，胆小、体胖。尽管她努力去做每一件事情，也希望能够做好，但结果总是失败。然而，她却有一个优点，对于极平凡的事情总会有独到的见解，总会在生活琐事中发现一大堆让自己开心的事情，再微不足道的事情都能让她感到兴奋和鼓舞。当别人表示很欣赏她的这种本事时，她总是说："这算什么，这只不过是在享受生活而已，不需要付出任何的努力就可以获得的。"她觉得这是一种毫无用处、丝毫不值得骄傲的才能。

然而这的确是她的优势——她奇特的眼光和乐观的生活态度使她能注意到大多数人没有注意到的东西，使朋友们都喜欢和她在一起，只要有她在，就有欢乐的笑声。

后来，她接受了朋友的观点，开始给自己积极的、正面的评价。没多久，她就不再胆小了，也不因为体胖而自卑了，信心增强了不少。

周渔是幸运的，因为她有一个真心欣赏她的朋友。那么，我们该怎样发现自己身上的优势呢？

把所有的优势都逐条写下来，使它们显得更真实。

你还可以花一段时间列出自己的强项，因为人往往容易忽略自己擅长的东西，认为它们是理所当然的：销售明星们总是认为把东西卖给别人很容易；"点子多"的人总认为想出一个点子很容易；擅长计算机的人总认为这种技能人人都会，他们只注意到自己太害羞、和别人不能和谐相处的缺点。

■ 从别人的评价中了解

想一想你的家人、朋友或同事赞美你的话。把他们的赞美都记下来：

你是一个可靠的人；对生活充满热情；记忆力好，对亲人、朋友的生活细节都能记忆犹新；记得在你小时候，妈妈和姐姐都对你说："不管与谁在一起，你都能和他谈得来"……这比逐条列出自己认为的优势更容易。你不一定被别人的话牵着你的鼻子走，但承认别人对自己的赞美是很重要的。

■ 问一问你自己，比较欣赏自己哪些方面

很多人都对自己苛刻，虽然并不讨厌自己，但对赞美自己却很吝啬，当有人问他们喜欢自己哪一点时，他们很难立即回答出来，他们总是羞涩地说："我不知道自己喜欢自己什么。"这些人其实不是不知道自己喜欢自己什么，而是有些不好意思。

其实，每个人都有令对自己满意的地方：我觉得我很随和，能与很多人友好相处；我喜欢我挺直的鼻子；我天生好奇，或许喜欢聆听和提问题就是我最大的优点；我有很强的分析和组合信息能力，从中发现它们是否具有实际意义；我敢于冒险，喜欢探索新事物……

■ 发现你的天分

每个人都会有一些天分。天分是无法通过学校的考试和相关的测试来检测的，但却是你能脱口而出的东西。或许你不觉得它有什么稀奇之处，但是它能让你沉迷于其中而不觉疲倦。把它们一一列出来吧。

以下表现在某些人身上的天分：

我对各种时尚杂志的内容能倒背如流；

我做汤、做鱼都很拿手；

我对摄影有天分，懂得从哪个角度拍出一张美丽的照片；

我爱说话，与别人聊天，无论是什么样的人，我都能很快地和他熟悉起来，并能通过聊天了解他，知道他在干什么，他是怎样的人，我能使人感到舒服自然；

对电子器具、电脑、软件等一学就会，甚至无师自通；

我非常喜欢养花，是个公认的养花能手；

我懂得如何把房间收拾得整洁、干净。

现在，开始通过你取得的成绩判断一下你的天分。

很多人认为要找出自己取得的成绩十分困难，他们认为，如果没有在大学运动会上拿到名次，考试没有考到第一名，赚钱没有赚到 100 万，那就算不上有什么成绩。其实，你可以拓宽自己的视野。比如：有个可爱的孩子；有一座漂亮的房子；新的工作令人满意。这些都是极好的、真正的成绩。

一个人在工作生活中所取得的成绩远远不止这些，你不要拘泥于传统的观点，多列一些能突出自己成就的事：

不墨守成规，敢于尝试新事物，甚至放弃了自己理想的职业，重新学习，开始个人的事业；

当你要完成一个目标时，能够一心一意，全心投入；

你能经常让别人开怀大笑，别人与你在一起都感到很开心；

你能非常了解别人并利用你的专业知识帮助他们。

用以上几种方法，去发现你的优势。

把别人对你的赞美，你对自己满意的地方，你取得的成绩都列举出来，它们能提醒你，你是一位有用的、受欢迎的人，而且已经取得不少的成绩。这样，你将会发现自己在某些方面会比以前更有信心。

也许以前你总是在想办法努力改变的自己的缺点：当你发现自己有不足的时候，总会不认输，不服气，勉强自己去改进，等你觉得自己能做好时，你会觉得很累；做不好的时候，你的自信心就会备受打击，就会开始怀疑自己的能力。

如果真是这样，请改变你的做法，试着发现自己的优势再增强、扩大自己的优势，你就会变得越来越自信，就能在已有的成绩上取得新成绩。

欣然接受自我

欣然接受你自己，实际上就是相信自己身上也有埋藏"钻石的宝地"。

从前，印度河不远的地方住着一位名叫阿里·哈法德的波斯人，他拥有大片的兰花花园，肥沃的良田，是一位很富有的人。有位佛教僧侣前来拜访他的时候告诉他："如果一个人能够拥有满满一手钻石的时候，他就可以买下整个国家的土地。要是他拥有一座钻石矿场，他就可以把孩子送上王位。"

阿里·哈法德兴奋不已，急忙询问可以在什么地方找到钻石。"只要在高山之间找到一条河流，而这河流流在白沙之上，你就可以找到钻石。"于是，阿里·哈法德卖掉了农场，然后就出发寻找钻石去了。

几十年后的一天，买下农场的那个人牵着他的骆驼到花园的小河里饮水时，突然发现在那浅浅的溪底白沙中闪烁着一道奇异的光芒，他伸手下去，摸起来一块黑石头，原来那就是钻石。他用双手捧起河底的白沙，发现了许多更漂亮更有价值的钻石。

阿里·哈法德不知道钻石就在自家后院，因此把农场卖掉之后去寻找钻石。结果，不仅没有找到钻石，还失去了他原本拥有的一切。

世上有许多人像阿里·哈法德一样，因为不愿意接受自己，不相信自己身上所具有的能量，而使自己痛苦不已。

其实，任何人的身上都会有遗憾的，有的是天生的，比如为什么是女孩而不是男孩？或者为什么是大鼻子而不是小而挺直的鼻子？为什么是单眼皮而不是双眼皮？为什么生在了贫穷的乡村而没有生活在繁华的大都市？有的是后天各方面因素带给自己的。

面对人生各种各样的遗憾，自信的人总是能够坦然接受，因为自信的人往往能够正确地认识自己。一个欣然接受自我的人，并不意味着他的一切都是完美的，因为世界上本来就没有完美的人，人们可以设法接近、却不可能达到完美。一个欣然接受自己的人，不仅能够接受自己的优点，也能正视并接受自己的缺点和某些方面的不足。

欣然接受自我对于想成功的人是很重要的，因为这样你就能不断克服缺点，注意自我形象塑造，不断完善自己，就能更加自信地面对生活，走向成功。

欣然接受自我既是一种修养，也是一种难能可贵的品质。要想使自己具备这一优点，就要努力走出自我认识的误区，努力开发自己的潜能、完善个性，让生活更加丰富、充实、自信。另外，我们还要做到以下几点。

■ 无条件地接受自我

有的人对自我要求很高，很苛刻，不允许自己犯错误，只能接受成功的自我，而不能接受失败的自我。他们不明白，人总是会犯错误的，人总有着这样或那样的缺点，因为有些错误或缺点是人无法克服的。一个不能接受自我缺点的人，长时间下去会使自己的自信心严重受损，所以，我们要学会无条件地接受自我，而不是以失败和成功、优点和缺点作为接受自我的前提。

无条件地接受自我包括三个方面的内容：第一，接受自己的全部，无论是优点或缺点、成功或失败；第二，不因为自己是否做错事而改变接受自己的程度；第三，肯定自己的价值。

无条件地接受自我并不是盲目地接受自己的一切，而不去对自己进行评价。而是不要因为某些错误、缺点、失败等去评定你的存在和你的个性，因为你自己、你的存在、你的个性都是不可量化的，你也不能给你自己或你的个性一个全面的评价。你做错了一件事情，说明在这件事情上你的能力不够，并不代表你是没有用的人或是一个没有能力的人。同样，如果你在一件事情上做得很成功，也不代表你是一个优秀的人，只不过是你在这件事情上有能力罢了。你要将你的注意力集中到生活的乐趣上，而不是去证明自己多么的优秀或多么的无用。

■ 对自己的外在美要有正确的认识

一个人的相貌是天生的，自己无法选择。尽管人人都有爱美之心，但世界上貌美如花的人毕竟是少数。我们不能改变自己的容貌，不能改变别人对自己容貌的看法，但我们可以改变自我，塑造内在美。这是美的灵魂和核心所在，它比外在美更高贵更有价值。正如印度伟大诗人泰戈尔所说："你可以用外在美来衡量一朵鲜花和一只蝴蝶，却不可能用它来判断一个人。"人不是因为美丽才可爱的，而是因为可爱才美丽的。

索菲亚·罗兰是一个生于意大利的私生女，她知道自己缺陷不少。在她16岁的时候第一次拍电影，就因为自己的容貌遇到不少麻烦。她第一次试镜就失败了，因为所有的摄影师都说她够不上美人的标准，都抱怨她的鼻子太长、臀部太丰满。实在没有办法，导演卡洛只好把她叫到办公室，建议她把鼻子缩短一点，把臀部减去一些。一般情况下，演员都对导演言听计从。可是索菲亚·罗兰却没有听从导演的，她以非凡的勇气拒绝了导演的要求。她说："我当然懂得因为我的外形跟已经成名的那些女演员有所不同，她们都是五官端正、容貌出众的美人，而我却不是这样。我脸上的毛病太多，但这些毛病加在一起说不定会更有魅力呢。如果我鼻子上有一肿块，我会毫不犹豫地把它除掉。但是，说我的鼻子太长，那是没有道理的，因为我知道，鼻子是脸的主要部分，它使脸部有特点。我喜欢我的鼻子和脸部本来的样子，说实在的，我的脸确实与众不同，但我为什么要长得与别人一样呢？"

"至于我的臀部，"她说，"无可否认，我的臀部确实有点过于发达，但那是我的一部分，是我的特色，我愿意保持我的本来面目。"

"我什么也不愿意改变，为什么世界上的美都要是一个样子呢？"

正是由于索菲亚·罗兰的坚持，导演卡洛·庞蒂重新审视她，并真正认识她，开始了解她、欣赏她。

索菲亚·罗兰没有为了迎合导演和摄影师而放弃自己的个性，没有因为别人不接受自己的容貌而丧失信心，她在别人的反对声中依然坚持并接受自我，从而才得以在电影中充分展示她那与众不同的美。而且，她独特的外貌和热情、开朗、奔放的个性很快得到大众的承认。她主演的《两妇人》获得巨大的成功，她也因此荣获奥斯卡最佳女演员金像奖。

欣然接受自己是心理健康的保证，也是自信的前提，如果连你自己都不喜欢自己，更不用谈让别人喜欢你了。

■ 尊重自己

希腊哲学家毕达哥拉斯告诫我们："尊重自己比什么都要重要。"无论你有什么样的缺陷，无论你的人生如何不如意，别人可以抛弃你，别人可以不爱你，但你自己决不可抛弃自己，决不可不爱自己。举世闻名的成功学大师卡耐基对此有着独到的观点和见解，他说："不要为自己与众不同而担忧，你在这个世界完全是崭新的，前无古人，也将后无来者。你应该为你是世界独一无二的而庆幸，应该把上天赐予你的禀赋发挥出来。"所以，千万不要低估自己，无论是怎样的人，都要为自己的独一无二而自豪无比。

从现在开始，请尊重自己，热爱自己，这比什么都重要。

■ 勇于挑战自己，做一个优秀的人

一个优秀的人，不能以对社会做了多大的贡献为唯一的衡量标准，还要看他是不是在与自己进行不停地斗争，是不是勇于挑战自己。一个优秀的人总能制定一个又一个新的目标，然后去实现它。一位青年得了一种怪病，瘫痪了，但他没有因此颓废，也没有悲观失望，而是积极锻炼，从瘫痪到能走一步，再到能走两步。他虽然没有为社会做多大的贡献，但他是一个优秀的人，因为他一辈子都在挑战自己。

我们与其为自己的缺陷、不如意之处伤心落泪，还不如用实际行动证实自己，用你的行动去战胜自卑，努力使自己成为一个受人尊重、有价值的人。

大声地对自己说："别人行，我也行！"

当我们阅读成功者或伟大人物的传记时，会发现，伟人们都是以超人的毅力克服自身诸如身体的缺陷、家庭的贫寒、个性的孤僻等令自己无比痛苦的缺陷和不足，并把它们转化为人生道路上的动力的。他们就是在欣然接受自己的前提下，以坚忍不拔的毅力走向成功的。

伟人们能在艰难的条件下成功，你也一定能，因此，你要大声地对自己说："别人行，我也行！"

有了这样的心态，你将会从自己身上获取最热烈的赞赏和最有力的鼓舞。如果你对自己感到不满，感到失望，接受自己，你将得到来自自己的最温暖的拥抱和最真诚的信任。无论你是怎样的人，无论做过什么事情，你都要欣然接受自己，接受上天给予你的一切。如果你将自己拒于心门之外，你将永远不会对自己满意，永远把自己当作敌人。

请欣然接受自己，把自己当作朋友，欣赏、赞美自己，因为你是独一无二的。你接受了自己，整个世界就接受了你！

始终支持你自己

一位大学教授刚上完课回到自己的办公室，系里的秘书就来到办公室，郑重其事地对他说："李教授，大家已经对你的课程做了投票，现在就差你自己的投票了。"

"我还给自己投票，这不太合适吧？"李教授非常吃惊，自己也要给自己投票？

秘书对他的吃惊感到更吃惊，秘书对他说："全系教师，当然包括你呀！更何况是关于你自己的课程！今天下午两点以前，不要忘了把选票送到系办公室。"

秘书走后，李教授拿着选票开始犯愁了。要命的是，这是一张记名选票。如果是无记名选票，填了就让秘书拿走，也只有秘书知道。他打了几个电话，问问与他关系不错的同事是怎样处理类似的情况，可是他们不是在上课就是有会议。

李教授这下可没有办法了，为何不问问秘书，看系里其他老师是如何处理的呢？李教授就去系办公室找秘书，刚好只有秘书一人在。

"张小姐，如果你处在我的位置，你会怎么投这一票？"李教授问秘书。

"如果我是你，而我又认为自己的课程应该通过，我当然就投赞成票！"

"自己投自己一票？"李教授感到不可思议。

秘书非常吃惊地看着他，然后一字一顿地说："如果连你都不支持你自己，不相信自己，谁还敢投你的票。"

秘书的声音很平静，李教授却愣在当场。突然他似乎大彻大悟，如释重负地长长叹了口气。

然后，他当着秘书的面，轻松自信且很自然地在记名选票上填上自己的大名，在"赞成"一项上重重画了个勾！并且在"理由"一栏填上："如果连我都不支持我自己，谁还敢投我的票呢？"李教授投完票，感觉自己悟到了很多道理，腰杆也挺直了许多。

我们的传统文化强调谦虚，于是中国人就喜欢由别人来鉴定自己，而不喜欢自己鉴定自己，不敢公开表示自己赞成自己，自己支持自己。

有人说，这是中国人的谦虚美德，其实不然，如果从思维方式看，它是错误的，因为每一个人的永久依靠最终只能是他自己。所以，无论是身处逆境还是顺境，不管是成功还是失败，也不论周围的人事境况如何变迁，你都要始终信任自己，帮助自己，激励自己，支持自己，坚定地捍卫自己的信心。

这一点对提高你的自信力很重要。信心不是天生的，有信心的人的自信来源于自觉地维护或积极地增进，缺乏信心的人之所以缺乏自信也主要是长期缺乏自我肯定、自我激励以及被动地接受外界消极评价所致。俗话说自爱者才能自助，真正自信的人首先要自爱，他知道自己的长处和优点，并对此确信不疑，引以为荣。信心不足的人总是不了解自己的长处，总是盯住自己的薄弱环节或有意挑剔自己的不足，并一直对此耿耿于怀，即便自己有十分突出的才能，他也视而不见，甚至对此不以为然。

这里所说的自爱不是自恋，而是一种积极、健康的对待自我的态度——对自我有良好期望，关心自己的发展，在清楚地了解了自己的优缺点之后，对自己持肯定态度，经常从自己身上获得安全、有力、乐观的体验。自爱的人并不逃避自己的缺点和失败，他们能够接受不完美的自己，能够原谅自己的过失，并且能够从客观上去解释他们，认为通过自己的努力能够发生转变。自爱的人对自己无能为力的事情也不强求，所以，一些自身能力之外的事情就不会对他的自信心产生威胁。

而不自爱的人则正好相反，总是喜欢责备自己、贬低自己。

一位名牌大学的硕士生，毕业后在一家科研单位从事研究工作。按常理他应该非常高兴，因为终于学有所用了，在一个自己很有兴趣而又钻研多年的科学领域工作，他应该信心十足，充满希望。但是，他却总是感到惶恐不安、忧心忡忡，因为他总是担心自己表现不好会受到领导的责备，认为他能力不行，担心同事不信任他，等等。这些问题总是在脑袋中晃来晃去，使他难以集中精力工作。于是，本来能够轻而易举地完成的任务，他却总是拖延，结果也正如他所料，他受到了领导的批评，同事也真的对他的能力表示怀疑了。这样一来，他就更加深了对自己的责备和否定。

这位研究生，从表面上看是相当成功的人。很多人都会认为他一定对自己非常满意，非常自信，但事实却不是这样。他在内心对自己非常不满，他责备自己、贬低自己、不喜欢自己，他对自己的评价远远低于他所具有的实际工作能力。为什么会这样呢？因为他缺乏自爱，在内心认定自己是一个不值得赞扬、不值得肯定和欣赏的人。他难以自我确认，也就无法树立自信和自尊。

像他这样的人，要想重新建立自信，必须有清醒的自爱意识，要自己支持自己。少给自己一点责备，多给自己一点赞赏。

始终支持你自己的另一个表现就是永远给自己机会。

上帝关闭一扇门的同时也会打开一扇窗。并非所有的人都是命中注定一帆风顺，也并非上天注定有些人一定要遭遇到重重困难和险阻，关键看每个人对机会的把握和选择。这是每一个人都拥有的权利。

不可否认，生活中确实有一些人没有良好的外在条件，生存状况十分艰难。这样的人心里当然会感觉十分痛苦，但是，面对痛苦、失败，如果一味地自我否定，他们就会感觉生活没有了希望，就会产生自暴自弃的自卑心理，于是，内心的希望之火真的就熄灭了。

内心的希望破灭是最可怕的事情，因为，环境再恶劣，只要内心还有希望，相信风雨过后总会有彩虹，再困难的境遇都能挺过去。这样的人到最后一定会成功，因为他们有坚定的信念，在困难面前，他们永远不会放弃自己，永远都会给自己机会，即便是全世界都抛弃了他，他还是相信自己，支持自己。

有这样一则寓言：有一天，一位农夫的一头驴子不小心掉进一口很深的枯井里。农夫绞尽脑汁想办法救出驴子，但是好几个小时过去了，驴子还在井底痛苦地哀号着。农夫没有办法了，决定放弃，因为这个驴子年纪已经很大，并且他也不忍心看着它痛苦下去。为了让它早点解脱，农夫决定把这口枯井给填上。农夫请来左邻右舍帮忙，大家七手八脚地将泥土铲进枯井中。

但出人意料的是，当这头驴子意识到自己的处境时，刚开始叫得还很凄惨，一会儿就安静下来。农夫好奇地往井中一看，眼前的景象令他大吃一惊：当铲进井里的泥土落在驴子的背部时，驴子就晃动身子，将泥土抖落在一旁，然后站到铲进的泥土堆上面！就这样，驴子将众人铲到它身上的泥土全数抖落在井底，然后再站上去，很快地便上升到井口，然后迈出了枯井，在众人惊讶的表情中快步向树林中跑去。

从驴子的经历，我们不难得出这样的启示：在生命的旅途中，我们也难免会陷入"枯井"中，但只要我们不放弃自己，不轻易绝望，永远给自己机会，始终支持自己，只要坚持，我们总能找到跳出困境的办法，因为，在这个世界上最终只有自己才能拯救自己。

为了更好地支持自己，我们还需要注意保护自己的自信，不要过分冒险去考验自己对挫折的承受能力。如果我们选择过于艰难的任务，对自己提出不切实际的目标，在我们不能实现目标的时候，自信心就难免会备受打击。如果类似的打击连续发生，我们就可能完全失去了信心。因此，在选定目标的时候要根据自己的能力、条件、目标对自己实际价值的大小、自己实现目标的把握去制定。价值越大的目标，越难以实现，如果实现不了，它对我们的打击也就越沉重。应该选择那些价值虽然不是很大，但我们比较有把握实现的目标，我们就能逐步增强自信，同时也增长能力。

所以，在你取得成绩的时候，请给自己投上一票，从内心赞美自己，欣赏自己；在你深陷困境中的时候，一定不要放弃，给自己一个机会；在制定追求目标的时候，不要刻意考验自己耐挫能力，要制定符合自己实际情况的目标。无论你是成功还是失败，都要支持自己，因为，这个世界上你所能依靠的最终还是你自己。

充分展示你自己

一家企业生产出了质量优良的商品，如果不去宣传它，就不能招来顾客，得不到他人的认可，产品最终积压甚至损毁也在所难免。人也一样，社会就像一个大舞台，每一个人都在舞台上扮演着属于自己的角色，每一个人都希望舞台上的自己能够光彩照人。

可是，如果有才华而不懂得展示自己，你就会像一只腹内孕育着一颗硕大珍珠的贝壳，只能静静地躺在海滩上，面临着永远被沙石或涨潮的海水重新携回大海的危险。你的才能也会像那颗璀璨的珍珠一样也许会永无见天之日。有才能不去表现，其实就和锦衣夜行一般。

尤其是那些初出茅庐的年轻人，既渴望展示自己，又害怕表现自己，他们不愿在人生舞台上扮演平凡的角色，又害怕自己缺乏演好精彩角色的能力，因此往往会出现中途放弃、退缩或矫揉造作的情况，不能充分地表现自己，结果也就是失去了让别人认可自己的机会。长此以往，就是再有潜力的人，也会由于不自信而让潜能无法发挥推动个人发展的作用，无法转化为现实的成功，他的自信就会动摇以致湮灭。

自信不是关起门来自我欣赏，也不是停留在心中的一个概念，而是要落实到实际的行动中。在什么时候都能充分地表现自己，这不仅是自信的一种方式，也是增强自信的途径。不论你认为自己多么的平凡，也要勇于展示你自己。因为你始终是独一无二的，在植物界，没有两片完全相同的叶子，在这芸芸众生中也找不到两个完全相同的你！

你该如何展示自己呢？有这样三个途径：一是真实地表现自己，二是自觉地强化自己，三是不断发现新的自我。

■ 真实地表现自己

每个人都有实际或潜在的能力，都有自己独特的魅力，但由于人们总是不切实际地希望自己能够表现得完美，就不承认自己的局限，简单照搬一些偶像的言谈举止，给人留下虚假、夸张的印象。还有的人在表现自己的时候因为缺乏必要的自信，而表现得战战兢兢、惶恐不安，让人以为他缺乏应有的能力，可实际却不是这样。所以，要想让别人了解到你的能力，感受到你的魅力，关键在于你能够真实地表现自己。

李东在大学期间曾经担任院学生会主席，各方面的表现都很优秀，尤其是口才相当出众，这也是他一直引以为荣的地方。他对自己的要求很苛刻，他很注重通过自己的言谈来表现自己的能力，他要求自己在任何场合、任何人面前都要镇定自若、侃侃而谈。

临近毕业的时候，他为了找工作与一位远房亲戚见面。对方是一位多年在北京从事商业活动的总经理。在与这位经理的交谈中，李东发现自己的某些方面知识很有限，对方谈论的某些内容自己理解起来有点困难，但他不好意思问，怕对方瞧不起他，于是他为了不让自己流露出茫然无知的样子，就努力表现出往常在学校那种谈笑风生的样子，但由于有些内容自己不是很了解，应对起来难免会不那么恰当和流畅。刘东感到备受打击，最后竟然词不达意，结结巴巴，十分紧张。从那以后，他开始怀疑自己的能力，变得不敢在别人面前讲话，他那令很多人羡慕的好口才也变得不如以前了。

李东就错在了对自己的期望太高，不懂装懂，致使自信在不真实的自我表现面前遭受了打击和伤害。

只有真实、自然地表现自己，才能充分地展现个性的魅力，才能轻松、洒脱地表现自己，这才是自信的表现。

■ 自觉地强化自己

你的长处是什么？你的优点有哪些？请静下心来好好思考，以便对自己有个全面而客观的认识。如果你发现自己确实在某些方面有优势，比如：歌唱得很好，对组装电器很精通，敢于尝试新事物……请你千万不要忽视它们，这正是你的优点，你应当及时强化它们，让它们为你增添自信，你要学会把注意力集中在自己的优点上。

把注意力集中在优点上，每天坚持做自己最擅长的事，即使是微不足道的事也要锲而不舍，发挥自己的所长，自然就会有所成就。不论成就大小，都能增强你的自信心。

你的优点也许不多，或者与周围的人相比，你的优点也许并不是最突出的，但只要你善于强化它们，使它们的作用发挥到极致，你就可以获得自信，获得快乐，获得成功。

强化优点的过程就是有意识地加强个人的优势，不断维护和提升自信的过程，所以，要不断强化自己的优点，这是充分树立信心的有效途径。

■ 不断发现新的自我

时代在变，社会也在变，为了跟上时代的步伐，你就要不断发现新的自我，以适应多变的生活。你必须使自己具有多方面的特性，不要满足于某一个方面。因为这一优势并不能保证你永远一帆风顺。如果你故步自封，不能随着社会的变化调整自己的目标，让自信停留在同一水平上，一旦你的优势在新生活面前发挥不了作用，或者没有以前那么明显，你就很容易陷入不知所措之中，就会面临自信心崩溃的危机。

一位非常聪慧、学习刻苦的女大学生，大学四年当中几乎把所有的时间都用在了学习上，很少参加课余活动，也没有参加学校的任何社团组织，集体生活中也难以见到她的身影。她终于以优异的成绩毕业，并分配到一所中学去教高中生。她第一次站到讲台上很紧张，结果把原本准备得很充分的内容讲得一团糟。她这才发现自己的语言表达能力竟是如此的差劲。在一次学术讨论会上，当同事们的意见不一致互相辩论的时候，她竟然当众哭了起来。其实大家并没有针对她，只是在发表各自的意见而已，所以同事们觉得她的反应太失常了。从这件事上，她发现自己的人际交往能力太差了。连续发生的两件事情让她以往凭借学习能力树立起来的自信心受到了打击，她开始重新审视自己。

重新审视自己是重建信任的最好的方法，因为生活是复杂的，环境是在随时变化的，当我们以往的自我认识与事物的变化合不上拍的时候，以往的自信就要面临严峻的挑战。所以，为了适应未来的新生活，每一个人都必须改变自己，扩充自己，要主动发现、培养新的优势，发现新的自我，这是必要的，也是很重要的。

该如何发现和发展新的自我呢？很简单，就是要主动尝试新事物，对自己以前从来没有接触过但有益于自身发展、自己又感兴趣的事情，就要大胆去尝试。坚持下去，你会发现，原来自己身上还有这么多可以发挥的潜能！一次的尝试成功就可以激发你在多方面尝试发现新的自我！

通过不断的尝试，你就会在各个方面变得优秀，你的信心就会像一颗雨水充足的大树，不断地长出新的枝叶，变得高大强壮，能够在任何风雨面前岿然不动。

你还应在闲暇的时间主动去接近对自己发展有益的人和事，寻找各种能锻炼自己、丰富自己的机会。你的眼睛不仅要看到现在，还要看到未来，并积极转化为行动。这样你的生活会更加充实，你的能力更加强大，也就不会再为未来的变故担心了。

也许你从小受到的教育就是要谦虚，要隐忍，家人也许常这样告诉你：人怕出名猪怕壮，树大招风，枪打出头鸟……于是你处处有所顾虑，既渴望得到他人的赏识，又害怕受到人们的攻击。这样的生活很累，所以，请你放下心灵的包袱，勇敢地向别人展示自己的才华，你将会发现，过去的自我封闭是多么可怜可叹。

人生毕竟短短数十年，你不仅要敢于展示自己，还要学会展示自己，是金子就要散发出光芒，就要最大限度实现自己的人生价值。

你也许喜欢沉默，但沉默毕竟不是人生的主题，沉默久了不是爆发，就是在沉默中死亡。请你勇敢地展示自己吧，不久你就会发现，这是一个崭新的世界。

测试：你了解自己吗

这个测试是菲尔博士在著名主持人欧普拉的节目里做的，国际上称之为"菲尔人格测试"，因为准确度高，这已经成为很多外企大公司人事部门用人的"试金石"。请用笔记下你的答案，看一个真实的你。

1. 一天中你何时感觉最好？

A. 早晨；

B. 下午及傍晚；

C. 夜里。

2. 你走路时是：

A. 大步地快走；

B. 小步地快走；

C. 不快，仰着头面对着世界；

D. 不快，低着头；

E. 很慢。

3. 和人说话时，你的双手怎样？

A．手臂交叉站着；

B．双手紧握着；

C．一只手或两手放在臀部；

D．碰着或推着与你讲话的人；

E．玩着你的耳朵 摸着你的下巴或用手整理头发。

4．坐着休息时，你的两腿：

A．两膝盖并拢；

B．两腿交叉；

C．两腿伸直；

D．一腿卷在身下。

5．碰到你感到发笑的事时，你的反应是如何？

A．一个欣赏的大笑；

B．笑着，但不大声；

C．轻声地咯咯地笑；

D．羞怯的微笑。

6．当你去一个派对或社交场合时，你会：

A．很大声地入场以引起别人的注意；

B．很安静地入场，找你认识的人；

C．非常安静地入场，尽量保证不被人注意。

7．当你非常专心工作时，有人打断你，你会：

A．欢迎他；

B．感到非常恼怒；

C．在上述两者之间。

8．下列颜色中，你最喜欢哪一种颜色？

A．红或橘色；

B．黑色；

C．黄色或浅蓝色；

D．绿色；

E．深蓝色或紫色；

F．白色；

G．棕色或灰色。

9.临入睡的前几分钟，你在床上的姿势是：

A.仰躺，伸直身体；

B.俯躺，伸直身体；

C.侧躺，身体微微卷曲；

D.头睡在一手臂上；

E.被子盖过头。

10.你经常梦到自己在：

A.往下落；

B.与人打架或挣扎；

C.找东西或人；

D.飞或漂浮；

E.你平常不做梦；

F.你的梦都是愉快的。

评分标准

经过上述 10 项测试后，再将所有分数相加：

选项 题号	A	B	C	D	E	F	G
1	2	4	6				
2	6	4	7	2	1		
3	4	2	5	7	6		
4	4	6	2	1			
5	6	4	3	2			
6	6	4	2				
7	6	2	4				
8	6	7	5	4	3	2	1
9	7	6	4	2	1		
10	4	2	3	5	6	1	

结果分析

低于 2 分：内向的悲观者

你是一个害羞的、神经质的、优柔寡断的人，永远需要别人为你做决定。你是一个杞人忧天者，有些人会认为你令人乏味，只有那些深知你、了解你的人不是这样认为。

21分到30分：缺乏信心的挑剔者

你勤勉努力、刻苦、挑剔，是一个谨慎小心的人。如果你做任何冲动的事或无准备的事，你的朋友们都会大吃一惊。

31分到40分：以牙还牙的自我保护者

你是一个明智、谨慎、注重实效的人，也是一个有天赋、有才干的人。你伶俐而谦虚，你不容易很快和人交成朋友，却是一个对朋友非常忠诚的人，同时要求朋友对你也忠诚。要动摇你对朋友的信任很难，同样，一旦这种信任被破坏，也就很难恢复。

41分到50分：平衡的中道者

你是一个有活力、有魅力、讲究实际，而且永远充满情趣的人。你经常是周围人注意力的焦点，但你是一足够平衡的人，不至于因此而昏了头。你亲切、和蔼、体贴、宽容，是一个永远会使人高兴、乐于助人的人。

51分到60分：吸引人的冒险家

你是一个令人兴奋、活泼、易冲动的人，是一个天生的领袖，能够迅速做出决定，虽然你的决定并不总是对的。你是一个愿意尝试任何机会、欣赏冒险的人，周围人喜欢跟你在一起。

60分以上：傲慢的孤独者

你是自负的自我中心主义者，是个有极端支配欲、统治欲的人。别人可能钦佩你，但不会喜欢你，也不会永远信任你。

第三节 忠实于你自己

在与人交谈的时候，请直接表达你真正的想法，而不是说别人想听的。因为你的意见和其他任何人的意见同样重要，别人是否同意无关紧要，即便是大多数人不认同，你也不能为此剥夺将它们公之于众的权利。不能为了取悦别人就放弃自己的原则，违背自己的心声。

不要为了取悦他人而委屈自己

有些时候我们要说言不由衷的话，要用各种方式迎合、取悦身边的人，如父母、朋友、客户、领导、同事……很多时候觉得取悦别人是在压抑、委屈自己，甚至觉得很无奈，也是一件耻辱的事情，但为了生存或为了其他的目的，又不得不这样去做。

面对着生活中形形色色的人、林林总总的事以及纷纷扰扰的关系，更多的时候，我们要面临选择，而不同的选择会产生不一样的结果。当我们陷入生活的两难境地，既不想得罪对方，又不想委屈自己，而又没有折中的办法时，你将如何选择，是取悦别人而委屈自己，还是听从自己的心声，做自己想做的事情？

面对这样的情况，不同的人会有不同的选择，但自信的人会重视自己的感觉和需要，他们会宁愿冒着得罪人的危险去做自己愿意做的事情。与此相反，不自信的人甚至不知道自己的真实感受和需求，因为他们认为自己的需求并没有对方的需求重要。他们会把别人放在首位，即使有时候他们不情愿，甚至不该如此的时候。他们花费了很多时间和精力去努力满足每一个人，取悦每一个人，除了他们自己。

郝娜是一位广告设计人员，有着自己的工作室。她过去经常把自己的手机号码告诉很多客户，并向他们说明，他们随时可以找她。客户们也确实这样做了——周末、晚上甚至凌晨都会有人打电话给她。她一天 24 小时开机，因为那个号码也是她的家人、朋友和孩子的老师与她联系用的。从她把手机号码告诉了客户以后，她就没有清闲的时刻，只要客户需要她，她就马上赶过去，她被自己搞得疲惫不堪。她觉得只有这样客户才会认为她很敬业，但事实上客户们根本不懂得珍惜她的时间，还希望她为了他们能够随时待命。到最后，她不得不新买了一部手机，一个号码专供客户使用，另外一个号码供自己的亲朋好友使用。起初，郝娜也担心客户联系不到她，会不再重视她了，甚至一部分业务也会因此流失。可是结果表明，她的担心是多余的，而且她还欣喜地发现客户反而更尊重她了。她的信心增强了。她这样对人们说，如果有客户不喜欢她这样做，说明他们不是真正的客户。

毫无疑问，如果经常刻意地去讨别人喜欢，你就很难确立自己的原则。如果你怕得罪任何人，甚至想讨好每一个人，不管谁提出了一个什么意见，你想都不想就照着去做，这样，人们不但不会感激你，还会觉得你缺乏主见。无论基于什么样的心理，你都要明白一点：委屈自己，去讨好每一个人，那是不可能的。因为你不可能顾及每一个人的利益，你自以为把事情处理得十分周全，但由于每个人的感觉和需求不同，有些人满意了，但对于其他人来说，或许还嫌你做得不够。不要总是小心翼翼地去揣摩别人的心思，担心别人对你不满意，这样不仅只能让自己变成了一个吃力不讨好的并且没人同情的傻瓜。

那么你该怎么做呢？不论取悦的对象究竟是谁，现在，请你把他们放在一边，先做好你自己，做最真实的自己，让自己开心地笑着，安然地活着。否则，有时候你委屈了自己也未必就成全了别人、取悦了别人。

在一个深秋，赵乾的妻子去了国外，他的几个死党知道了之后便打电话通知他：这个周末去你家打麻将。赵乾一直不会打麻将，也知道他这帮死党一战必是通宵，因而有些发怵。他本来想撒谎说自己这个周末要去看望岳母的，让朋友另选他处，但内心的犹豫和现实的反应却是截然不同，他热情洋溢地说："好啊，我给你们备好啤酒和夜宵。"

周末四个朋友如约而至，其中一位还带着结识不久的女朋友。那位女孩一进屋就宾至如归，开心地说："你们玩儿，我累了，先睡一会儿。"说完那女孩就上了赵乾的床。赵乾租住的是一套没有厅的一居室，用来打牌的饭桌就放在床边。四个朋友二话不说，就开始打起了麻将。而赵乾则拿着啤酒在一旁独饮。他非常讨厌陌生人睡在他的床上，尤其是一个陌生的女人在众人的眼皮底下睡在他的床上。不久，他的四个朋友因为赊账吵闹起来。虽然没有翻脸，也都是粗声粗气，拍案怒斥，动静很大。考虑邻居和自己的形象，赵乾劝阻朋友们停止争吵，并为他们立下规矩：一把一结，不能拖欠。为了落实这一规定，赵乾抱着家里的储蓄罐，负责随时解决零钱不足的问题。

在陌生女人的鼾声和朋友们噼里啪啦的麻将声中，赵乾昏头昏脑地陪到凌晨。大概快两点钟的时候，他的朋友又为别的问题争吵起来，本来就不大的小屋顿时乱成一锅粥。赵乾觉得自己的忍耐已经到了底线，忍无可忍的他失控地站了起来，将一桌麻将用桌布兜起来摔向墙角，对着他的那帮朋友大吼起来：都给我滚……他的朋友们面面相觑，在尴尬中下楼而去……后来他与那几位朋友坐在一起旧事重提时，朋友就骂赵乾：你这混蛋，害得我们走了好几里路才打到出租车。

面对生活中类似的问题，你能够做到像赵乾最后那样态度鲜明，言心所想，做想所为吗？

只要你认为是应该做的，并且是自己愿意做的，就去做吧！你可以参考其他人的意见，但不必听任别人的指挥，这样做确实会让某些人不高兴，但至少会让你自己开心，不要为了取悦别人而放弃自己的真实想法，不敢去做自己想做的事情。

如果你总是为了取悦他人而唯唯诺诺，最后你反而会失去人们的尊敬。当你失去他人的尊敬后，要重新获得他人的尊敬就很难。所以，还是倾听自己的心声，要取悦也一定先取悦自己。

听从自己的心

"面朝大海，春暖花开"，是一幅优美的画卷，是一种愿景，也是人内心世界一种幸福的景象。人，生来是为自己而活的，在矛盾不可调和的时候，就应该倾向于关照自我，听从自己的心声。

自信心强的人就是这样，总是忠于自我，清楚什么才是自己想要的。而自信心缺乏的人则相反，生活准则中的种种"应该"总会在第一时间摧毁他们的自信力，也会在第一时间指导他们的行为，使他们不听从自己的心，做自己喜欢做的事情。

岳珊是一位手工艺人，尤其擅长制作个性化的灯罩、台布等饰品。大学毕业之际她开了一家小商店，专门经营自己的手工制品。她十分珍惜这一次创业的机会，她自己也从经营商店的过程中学到不少理财知识。但是，她父亲并不赞成她所从事的职业，她父亲是一位大学的教授，认为他的女儿不应该靠双手去劳动。正是因为这个原因，尽管岳珊从事的是自己喜爱的工作，但她一直不愉快，她认为自己应该满足父亲的愿望去一所中学教英语。对此，她也做过努力，曾经三次返回学校，但都半途而废，因为她对教学实在不感兴趣。所以，她现在仍做着自己喜欢的事业，但她却因为自己没达到父亲眼里的乖女儿形象而耿耿于怀，始终提不起精神。她对自己的朋友说，她是在浪费自己的生命。

岳珊的问题在于，她没有听从自己的心，虽然从事的是自己喜欢的事业，但因为她认为做父亲的"好女儿"就应该接受父亲的价值体系，就不应该违背父亲的意愿，所以才会一直为此不愉快。她没有认识到这份工作正好符合她的个性需要，正是她内心的需求。

折磨岳珊的不是父亲的意愿，而是她的不自信。

大多数不自信的人都会像岳珊一样，在理智和愿望之间进行着不停的斗争。不自信的人很难倾听自己的心声，他们总是被动地接受别人的意见、指导，有些事情虽然很不情愿，但还是去做了。

林雪在做了三年销售经理后开始考虑换一家公司，经过几次面试，同时有两家公司同意聘用她，但她不知道该选哪份工作。

第一份工作是让她做大区销售经理，工作晋升机会大，工资也要高得多，但上班地点离家太远，出差的时间也多。第二份工作为一家企业宣传部做策划，基本上就不用出差，而且工作地点离她家很近，但就是工资不如第一份挣得多，在权责上也要比现在低一级。看样子，她的心里已经选定了第二份工作，但理智上又说不过去，因此才把自己搞得心烦意乱。"其他人都非常羡慕我的工作机会，"她说，"我已经对现在的工作投入了3年的时间和精力，如果去做第二份工作，无疑是在原有的基础上倒退了一步。也许我的职业生涯从此再也不会有所发展。"

实际上，每个人在向人倾诉并且征求别人意见时，自己心目中都隐约有了自己的决定了，只是因为有些担心和顾虑而不愿意面对。林雪在这份工作中左右为难本身就说明那份低薪的策划工作对她更有吸引力。之所以有顾虑，还是对自己的未来没有自信，对自己的工作能力表示怀疑，不敢轻易地改变自己的生活方式。

当她清楚地考虑自己想过一种什么样的生活，并要从中得到什么的时候，她发现第二份工作的吸引力越来越清晰了。她已经结婚五六年了，自己已经到了30岁的年龄，因此她考虑自己应该要个孩子了。第二份工作压力没有第一份工作那么大，离家又很近，可以有更多的时间调养身体，第二份工作能够让她可以在最佳状态下准备要自己的孩子。

在咨询师的引导下，她还列出了5年之内的理想生活状态：要生一个孩子，养两只小狗和一只猫，有更多的时间照顾丈夫，过着温馨的家庭生活，并有时间出去旅游。她还要通过闲暇时间在家里做自己喜欢的兼职工作，挣点钱补贴家用，但压力不要太大，也不用为将来的职业发展发愁。这份理想生活的吸引力是如此巨大，因此她顺理成章地下定决心，选择了第二份工作。

如果在现实生活中你有这样或那样的犹豫，你应该像林雪那样找出自己真正需要的东西，然后就努力去争取，这样才会对得起自己的心。当你服从自觉的指引，就会知道什么才是自己真正想要的。

至于该如何确定什么才是自己真正想要的，前面其实已经给出了答案。

抽出时间想象自己未来的生活是个什么样子，每天你将要过什么样的生活？不要担心自己实现不了这个美梦，只要考虑让自己生活幸福需要做些什么？用笔把这些记下来，你就会很清楚地明白应该如何做了。比如，你的老师和家人都希望你不要放过出国的机会，因为你的外籍教师已经帮你争取到奖学金了。她们都认为这是绝好的机会，都建议你出去读博士。但你觉得用五六年时间读博士实在太长，最重要的就是你找不到任何学术的热情，无论是上课、读书会，还是学术会议，这些都很难让你觉得有趣，因为你怕自己承受不起 5 年的时间成本和它对今后道路的限制。你的真实想法是硕士毕业之后就自己去找工作，而不愿意一辈子在一条学术道路上走到底，这毕竟是艰涩难走的一条路。通过这样的对未来的想象，你就能发现什么对你来说才是重要的，别人眼里所谓的成功与幸福，对你来说或许没有任何意义。

最后，你还要定期对你梦想中的画面进行补充，因为有时候你要根据自己的近况对此进行一些修改。即使你面对的现状与先前的想象不同，你也发现自己基本是在聆听自己的心声，照着自己的心愿去做事的，这样你会开心很多，也会自信很多。

勇敢地说"不"

你是个能够直接拒绝别人的人吗？在很多该说"不"的时候，你是不是在说"是"？如果你做不到直接拒绝别人，如果该说"不"的时候你却在说"是"，你就会不可避免地对自己产生不满，你的心情、你的生活也会受到影响。

也许你会说，对别人说"不"与自信有什么关系呢？当然有。对自己不愿意接受的、对自己所不能接受的、对于在自己能力之外的事情，勇敢地说"不"，是你捍卫自己权利的表现，也是你支持内心真实想法的表现，这本身就是一种自信。

阿欢在深圳生活多年，她接待过多少朋友连她自己也不记得了。有的是多年朋友相见很开心，有些却是碍于面子不得不答应的应酬。有一天，一个以前的朋友欢天喜地打电话对她说："我又来深圳了，咱们聚聚吧？"阿欢在接到电话的那一刻竟然有一种不该接那个电话的感觉，当然也没有任何的欣喜之意。原来这个朋友好几年前和她一起在深圳合伙做生意，结果在生意失败的时候离开深圳回老家了，所有的经济损失由阿欢一人承担。阿欢为此很不痛快，这件事情也一直是她心中的一个结，一直刺痛着她，现在她身边的朋友都知道此事是她的死穴，都不在她的面前提起。她也不愿意陷于往事去追悔不已，所以就选择了忘记。

失去联系多年后，当那个朋友以好友的身份再次出现时，她真的不愿相见，但是她发现自己并不像想象中的那么容易释怀，也不像想象中那样能当机立断地说出"不"字来。

实在没有办法，阿欢就去询问自己的好友。好友对她说："不想见的，不愿做的一定要坚决地拒绝。"阿欢也明白她和那个朋友拥有的记忆都停留在当初那一年，见面之后共同的话题当然只能停留在那一年。面对自己的心中的死结，怎么可能谈得上开心相见呢。

一个电话竟然给阿欢带来这么大的困惑，就是因为她为了顾及他人的情面而不愿说出那"不"字。如果她当初在接到电话的时候，就直接说"不"，也就不会有以后的困扰了。

生活中确实有很多人不会说"不"，他们或是不敢，或是不好意思。无论是出于哪种情况，他们都是对自己没有信心，对自己不愿意做的事情不能坚定地说"不"。

譬如一个女职员明明不愿意和老板发展任何的私人关系，却不敢拒绝老板晚上的邀约。一个守门警卫明明知道没出示通行证的人不能放过，却不敢拦阻上司家人的座车。一位鉴赏家明明知道朋友的东西是赝品，却不好意思给朋友说明真相，于是给朋友盖下鉴定为真迹的印章。

他们认为只要不拒绝就可以了。问题是：当老板对女职员有了进一步的要求时，她不是吃了亏，就是在不得不拒绝的情况下终于把老板给得罪了。说不定老板在丢了面子之后还要狠狠地问:"你既然不愿意,为什么不早说?"

当那辆车里藏了坏人,出了事情之后,上司可能还会对警卫表示怀疑:"明明知道公司的安全规定,为什么不严格遵守,让没有通行证的人通过,不会是内应吧。"

当那赝品终于被发现,收藏家可能还会埋怨他的朋友:"你知道是赝品,为什么不告诉我,害得我在别人面前丢了面子,说不定还有会说'哪是什么鉴赏家,不是串通骗钱就是能力有限。'"

这些人,为什么当初不说"不"呢?

不敢说"不"的人,往往是缺乏实力而又对自己没有信心的人,他们只是一味地讨好别人。其实,越想讨好每一个人,最后可能越是没"好",因为没有人会珍视他的"好",却要责备他的不周到。因为一个人的精力、时间、财力、物力是有限的,不可能处处顾及每一个人的需求,所以当你有一点照顾不周的时候,就会得罪了别人,对不起自己。就算拼着命应付了每个人,满足了每一个人,但却累坏了自己,委屈了自己。

面对自己不愿意做的事情,勇敢地说"不",不仅可以节省精力,增进健康,也可以减少自己的压力,让自己生活得更好。不要因为害怕别人说你"自私",而将到了嘴边的"不"字咽了回去。

高丽以前的工作非常累,是一家公司的部门经理,她的下属的工作做得不合格时,她自己就得把他们的工作重做一遍。回到家,她也没有片刻的闲暇,因为她认为与其对着丈夫和孩子唠叨他们家务活干得不好,还不如自己全部包揽下来更容易。她还是两家委员会的关键人物,如果离开她,她认为他们肯定会弄得一团糟。她做了所有自己能够做的事情,结果,没有人对她满意,她的下属认为她太严格,丈夫和孩子也对她的爱发脾气很不满,认为她没有情趣。

高丽还说曾有第三家委员会请她接手一份秘书的工作。她很清楚他们的组织混乱,也希望自己能想个办法处理好这份额外的工作,可是,从内心讲她希望自己能够婉言拒绝,因为她已经很累了。

　　高丽做了心理咨询，咨询师告诉她："婉言谢绝！即使你浑身有使不完的劲，你也不能解决所有问题，甚至不可能单枪匹马解决你工作上的所有问题。但是，如果你把自己的技术传授给他们，你会培养出一只新的团队。"

　　高丽后来不仅对第三家委员会说了"不"，还对自身的苛求说了"不"。在工作上和家务上她都抽身后退一步，学会把某些任务分配给下属，把一些家务交给丈夫，而自己有更多的时间和他们沟通，虽然她没有以前做得多，但大家对她的态度明显好多了。丈夫和孩子也觉得她变了，变成了一个有情趣的人，因为她与孩子一起玩耍，与丈夫开心地聊天，她的享受时间多了，带给家人的轻松与快乐也多了起来。

　　很多家庭主妇都承认她们的精力不够，经常感到疲惫不堪。当有人向她们提议为什么不为自己安排一些时间，什么也不做，就让自己开心地享受一下，放纵一下时，她们都认为这是不可能的。有了孩子的母亲都希望自己孩子长大后，她们的生活可以过得轻松一些，但等到孩子长大了，成家了，她们发现自己不仅要照顾自己的父母，还要帮助孩子看护他们的子女。她们都认为自己忙得一点时间也没有了，真的是这样的吗？其实，她们都是把时间给了她们认为"值得"和"有意义"的事情了。

　　你是不是也像她们一样把自己的时间都用在你认为重要的事情上了，你能为自己挤点时间，在该说"不"的时候勇敢地说出来吗？

　　当面对以下情况，你必须学会对自己说"不"：你已经超负荷工作的时候；你的压力很大并且很累的时候；你已经尽最大的努力做好所做事情的时候。

　　以下情况，你有权利对别人说"不"：这是一件你不想做也没有义务做的事情；你觉得你应该有些自己时间的时候；做了也不能讨好的时候；人们想当然认为你会答应，而且你不做他们会不高兴的时候；将影响到你正在做的事的时候。

　　当你不是为了取悦自己而对别人说"不"，想说"不"的时候就痛快地说"不"，你会发现这样做对你至少有两个好处：

　　第一，你将会感到更快乐，精力更充沛；

　　第二，当你在答应别人的时候，你会心甘情愿地去做，你会做得更好，别人也会因此更加看重你。

如果你还没有学会说"不"，你就要开始学习这一课程了。你可以通过以下三个步骤学会说"不"。

■ 第一步，了解自己的感觉

如果你一直习惯说"是"、"没问题"、"好吧"，你可能在答应别人之后，或者在为别人做的时候意识到自己已经厌烦了，并且当你知道自己真正的感觉的时候，你已经答应了别人。所以，在培养起直接说"不"的习惯之前，你不要立即答应别人的要求，而要抽出时间考虑一下。

如果有人让你帮忙做某事的时候，你要为自己赢得一些时间。"我要考虑考虑，看我能否胜任"或者"我要与家人商量之后才能做决定"，然后告诉他们过些时候再给他们答复。然后，你利用这些时间考虑是答应还是拒绝。

如果对方要你立即答复，你要用以一种轻快而又充满遗憾的口吻说："哦，要是这样的话，我就不得不说'不'了。"

对于"你可以帮我个忙吗？"这一类的问题，你也不要立即答应，而是要根据自己的意愿和能力，你可以说"要看什么忙"和"如果我可以办得到的话"。

■ 第二步，坚定地说"不"

当你确定那是一件你不想做的事情时，要干净利索、直截了当地说"不"。当然，你可以找出一个恰当而合适的理由，但一定不要道歉。当有人让你和他一起去参加一个古董的拍卖会时，你可以这样说："对不起，恐怕我做不到。下次拍卖古董，我会去。至于今天，因为我对器物、玉石、字画等了解不多，很难提出好的建议。"重要的是，一定要和颜悦色地拒绝，不要因此伤了和气。别人提出要求并没有任何的罪过，同样，你拒绝提出要求的人也不应该有什么不安。你要让自己的声音坚定和平稳，不要激动。

■ 第三步，不要动摇你说"不"的决心与立场

如果你已经习惯说"是"，他们会试图说服你。不要因此陷入一场讨论和争论，你要用缓和的语气，你要重复先前说过的"不"字，最好把"不"字放在前面，这样你就会坚定，也可能会觉得容易些，并坚持到底。面对要求你去拍卖会的朋友，你可以这样说："我确实没空，实在去不了，

我知道找一个懂得古董的人不容易，但我真的帮不上忙。"

当你认为对别人说"不"很难，就从最简单的事情开始练习，否则，你永远不会把"不"字说出口了。你可以从无关紧要的小事开始练习，如对上门推销的人说"不"。这样每天都从这些微小的事情上练习说"不"，你就会发现说"不"也并不是一件很困难的事情。

你开始说"不"，也许会有人不习惯，甚至还有些恼怒，这说明他们还需要重新认识你。等你说"不"的次数增多时，人们就不会再表示惊异了，他们一般的反应可能就是"噢，那就这样吧"。而当你对他们说"是"的时候，他们会比以前更加感激你的帮助。只要表现出说"不"的实力，才能积蓄足够的实力说"是"。只有充满自信与坚持原则的人才知道对别人说"不"，也只有让别人知道你有你的原则之后，他们才会信任你说的"不"。所以，在想说"不"的时候，需要说"不"的时候，就勇敢地说"不"。"不"同样显示了你的决心与信心，它让你相信你说出的话是有分量的。

大声说出你的需求

也许你幻想着与丈夫一起在郊区度过一个浪漫的周末之夜，可是你从来没有试过，因为你从来没有向你的爱人要求过。你从来没有明确地说你就是想和他一起在郊外度过一晚，这种想法只不过是你的幻想，你不承认你的需求。如果你真的承认，你就能很快提出来。

不能开口说出你的需求或愿望是自信力不足的典型表现，对男人和女人来说，其影响力是相同的。你觉得你不应该先满足你的需要，比起别人的需要，你的需要似乎可有可无，甚至不合理，于是，你认为别人的需要似乎更正当、更迫切，于是，你四处了解别人的需要，然后设法去满足他们。

你可能是太害怕被人拒绝，太害怕因为自己的索取而使你在意的人远离你，你甚至没有意识到你有着自己的需要。

方惠生性羞涩，不善于表达自己的情感，最近她被接二连三的意外搞得筋疲力尽。先是信赖无比的丈夫闹着要与她离婚，接着母亲的去世让她悲痛欲绝，而且自由撰稿人的新工作也给了她很大压力。在重重困难面前，她强迫自己很快承担起她要做的事情，承担起家里的家务，每天都能按时完成自己的工作。孩子和她的兄弟姐妹也都在不经意间忽略了她，因为她看上去如往常一样理智大度，没有流露出丝毫的痛苦和不快。

在没有人对她伸出援助之手和表示同情的情况下，方惠认为自己去向他们诉苦，请求他们帮助自己恐怕会招致他们的反感，所以，她一直强忍着内心的痛苦。实际上，当她向孩子和兄弟姐妹表示自己需要他们的支持与帮助时，他们的反应好得不能再好，因为他们之前对方惠的痛苦日子一无所知，当方惠告诉他们之后，每个人都知道该怎样来帮助她了。她的女儿这样对她说："妈妈，现在跟你在一起比以前有意思多了，以前你就像个超人一样，我们都感觉你不需要我们。"虽然她的丈夫并没有对她表示同情，但至少不会对她蛮横无理。她的情况再糟也要比以前一个人独自承担要好得多，因为她感到自己有足够的信心去勇敢地面对即将离婚的丈夫，可以充满信心地做自己想做的事情，包括大声说出自己的请求。

如果方惠在一开始需要家人帮助的时间就提出自己的请求，也许她就不用在痛苦中挣扎那么久了。所以，你一定要忠于自己的想法：你想要得到什么？你希望别人怎样回应你？无论是在工作上还是与所爱的人或朋友在一起，当你正在做的事情还没有被对方接受时，你能够根据上述的问题，考虑一下自己需要什么，然后直截了当地提出来。

罗强是一位出版社编辑，为了让人们注意到他是多么的敬业，多么具有主动精神，他过去每天晚上和周末都要把自己的工作带回家做，认真校对书稿。让他感到丢脸的是，他的同事一个个晋升，他自己却好像被老板忽略了。于是，他更加努力地工作，主动承担更多的额外工作来做，每天早出晚归。本以为这样会好一点，没有想到这一招更加失策，因为没有人赏识他的努力，反倒把他累得又疲惫又暴躁。他满腔怨气，认为每个人都不拿他当回事。

一气之下，罗强决定只允许自己在工作时间编辑书稿，并且在周末再也不加班了。有了更多的休息时间，他开始感到自己精力旺盛，充满自信，上班的时间得到了更有效的利用。没过多久，他感觉到自己正在重新找回工作的主动权，于是他决定主动向老板提出晋升申请。

他把自己在公司取得的业绩做了统计，把所有经过他手的畅销书目列了出来，还列出了所有经他签约的著名作家名单，又把自己想从老板得到的要求列了出来：配备专业助手、有出差机会，尤其是参加国内大型书展和国外书展的机会，更高级别的职位和增加工资。

看着这种列表，罗强自己都认为这是个令人望而却步的清单，他对能否实现其中的任一项都表示怀疑，更不要说全部了，但他觉得还是试试比较合适，因为即使实现不了，自己也不会损失什么。于是，他向老板要求配备助手，并且列出自己需要助手的详细理由，结果老板竟然同意了。

接下来的日子，每当他取得显著的成绩，他就给老板写出具体的工作报告，这是为了实现他清单中的其余几项要求奠定基础。每当他有什么创意，也不是私下说完就了事，而是在公司会议上提出来，并把自己的创意整理成书面材料在同事中传阅。他还说服了公司让他参加了一次在法国举办的书展，回来后马上递交了一份详细的工作报告，总结了自己的收获。半年以后，他实现了他提出的所有要求，包括晋升职位和提高工资。

很多职场上的人士未必就能像罗强那样明确提出自己的工作愿望，并为之进行积极的准备，常听见很多人说："我确实有这样的愿望，不过，我确实不知道该怎样说出口。"

不知道怎样说出口的原因，是因为你或许还没意识到你所期望的某件事对你来说有多重要，你或许不知道想办法满足它是你的权利也是你的义务，也就是说，你如果不说出来并努力满足它，你就会不开心。

那么，现在的关键问题就变成了你该如何有效地表达出自己的需要。

你需要考虑一下问题：你要从什么人那里得到满足需求的帮助，什么情况下你的需求最为强烈。这时你很有可能会发现，有些需求你从来都没有提过；面对有些人，你甚至无法提出自己最简单的需要。这些情况让你感觉窘迫，并且你的自信也会随着窘迫慢慢丧失。

该怎样有效地提出自己的需求呢？如果你很难开口说出自己的需求，通过以下五个方面的事先准备，你就能清楚地说出你的需要。这要比临时即兴提出更为明智。

第一，对象。把那些能满足你需要的人名写下来。如果能满足你这个需求的人同时有好几个人，请分别给他们写下你的请求。

第二，请求别人做的事情。要避免太抽象，避免请求别人改变态度或喜好。如"给予尊重""要求对方戒烟"。最好明确提出请求的具体行为："在房屋的装修上，我希望有平等的发言权。"

第三，满足需求的时间。你想要对方做某事的具体时间，例如，你可能希望孩子在每个星期天能帮助你整理房间，就请非常具体地写下来："每个星期天早上，早饭后。"

第四，指出与你的请求有关的人。如果你希望妻子不要在她的女友们面前取笑你，就请写下妻子相关女友的名字。

当然也并非所有的请求都全部包括这四个方面，有的只需要其中的两项就可以了。

经过这样的准备，你就能清楚地向对方表明你的需求。尤其是女性，如果你对丈夫有某方面的要求，就一定要清楚地表达出来，可是，很多女性总愿意通过暗示语或肢体语言来表达自己的需求，而丈夫又不能时常领会妻子的意思。妻子就会认为丈夫对自己并不关心，甚至为此伤心，感觉受到了伤害。

崔盈希望她的丈夫帮助她修改一篇专题文章。在吃过晚饭的时候，她含糊其辞地说她在准备材料上遇到了困难。丈夫一边听，一边看报纸。他一直没有领会崔盈的暗示。于是，崔盈根据她的需求，写出了这样一张单子：

对象：黄峻（她的丈夫）。
需求：帮助我编辑我的文章，逐页审阅内容。
时间：星期六早上。
地点：在书房里，我的资料在那里，那里没有电视。

崔盈就是这样说出了她的需要：黄峻，我真的需要你的帮助，来帮我看看这篇文章。我希望和你一起一页一页看完全文，看哪些内容和结构需要调整。这个星期六的早上，我们能不能一起在书房里花上两三个小时来完成它。崔盈的要求很清楚，她丈夫接受的可能也就比较大了。

　　说出你的请求时，要注意这样的原则：不要指责或攻击别人，保证以平缓的口吻表达出你的请求；不要闪烁其词，要清楚明确；使用自信的肢体语言，比如保持与对方眼睛的接触，站直或坐直，不要把你的双手和双腿交叉在一起。

　　当你明白自己需要哪方面的需求，并能够清楚地把它表达出来，你就可以把它运用到现实生活中去。先写出最简单的请求，从最安全的人开始，这样可以逐步增强你的信心。然后再先易后难地准备其他的请求，把最难的留在最后。

测试：你忠于自己吗

　　1. 一位朋友邀请你参加他的朋友聚会。可是，你与朋友的朋友根本就没有接触过：

　　A. 借故拒绝，"我已经答应我的老板，去陪他一起接见一个重要客户"；

　　B. 你很乐意地去了，但是没有想到他还要你帮忙筹备，你心里虽然很不爽，还是做了；

　　C. 不好意思拒绝，还是勉为其难地去了。

　　2. 你的朋友已经有两年没有见到过你了。可是，在一个周末的晚上你打算自己看一场电影时，他说要来和你一起去喝酒：

　　A. 还是坚持自己去看电影；

　　B. 你说服朋友和你一起去看电影；

　　C. 放弃看电影，和朋友们一起去喝酒。

　　3. 当你正忙得焦头烂额时，有人闯进你的办公室，"请问业务部怎么走？"这时，你会：

　　A. 用手示意他去问前台接待员；

　　B. 你尽量简单地告诉他，然后埋头做自己的事情；

　　C. 你详细告诉他怎么走，虽然花了你不少时间，因为你不忍心拒绝，觉得不帮助不行。

　　4. 你在BBS上灌水，发了一篇蛮精彩的帖子，但是有人对你大骂，说你文章烂。你从来不认识他，也没办法认识他，你会有什么反应？

　　A. 觉得没什么，反正又不会伤害到你，继续在论坛上和朋友谈笑风生；

B. 不能憋着，骂两句发泄一下；

C. 气得冒火，感觉非常受伤害，拼命地回骂。

5. 你正在酒吧喝酒，一个女孩走过来，面带哀伤幽怨地对你说："你为什么要躲着我？"并说你是她寻找多年的男朋友。你会怎么对待她呢？

A. 不予理睬，若再纠缠就转身离开；

B. 让她看清楚你不是她要找的人，然后离开；

C. 耐心地告诉她你不是，同情地听她倾诉。

6. 你不喜欢喝酒，在酒桌上有人劝酒，并且说不喝就是不给她面子，这时，你是喝还是不喝？

A. 你以为你是谁？你的面子对我很重要吗？不给面子就不给面子，坚决不喝；

B. 不说话，微笑着喝完，可心里很不舒服；

C. 舍命陪君子。

7. 当你周围有同事生病住院时，你常常会：

A. 有空就去探望，没有空就不去了；

B. 只探望与你来往密切的人；

C. 主动探望，尽管他实际上对你并不"感冒"。

8. 假设你若干年后成了名，你们家整天都是门庭若市，很多人前来拜访，你会：

A. 随便他们怎么做，你很是漠然；

B. 他们打扰了我的生活，但仍会保持自己的好心情；

C. 一般说来你会非常烦躁。

9. 有句话这么说："走自己的路，让别人说去吧"，那你如何看待别人对你的评价和建议呢？

A. 涉及实际利益就反击，否则无所谓；

B. 并不介意被人说是老好人；

C. 很害怕被孤立，很在乎别人的评价。

10. 如果有人请你在聚会上唱歌，你唱得不太好，你往往：

A. 断然回绝，不愿意在大家面前丢脸；

B. 有点犹豫，不过也无所谓了，反正大家一起热闹；

C. 十分艰难地坚持下去，然后红着脸下台。

评分标准

选 A 为 3 分；选 B 为 2 分；选 C 为 1 分。把所得结果相加即是你的得分。

结果分析

20～30 分：你很忠于自己，你有非常坚固的"壳"来保护自己。你能够保护自己内心的平静，也因此能够更好地做自己的事情；能够非常好地保证自己的生命价值。你非常了解自己的需要，不会和无聊的人、不必要的事情打交道，有时候只是在应付。不过要对世界有一种生命的激情，对别人有一份最初的关爱。也许有人指责你是一位"利己主义者"、"自私的人"，但是，你心想，我没有必要为无意义的事浪费、耽误自己的人生，毕竟人生只有一次，何必要听从那些毫无用处的建议，迁就那些没有意思的人呢？

10～19 分：你很想忠于自己的心，但没有足够的能力来保护自己的心，因为你往往无法拒绝别人的要求，犹豫之后，还是勉强答应。你不够坚定，因此你对自己不大满意，也让朋友觉得你不够爽快。因此你必须考虑清楚，你真的愿意帮他们的忙吗？如果你不情愿而去做，那么你失去的不仅仅是时间和金钱，还有一份快乐的情绪。你为此失去自我内心的安宁。你委屈自己顾全别人，但别人不一定就会珍惜你的委曲求全，所以你更加难过。

10 分以下：你无法坚持自己的想法，太缺乏自我了，你根本就不懂得忠于自己，也不知道什么才是自己的需要。你有时候对陌生人热心得一塌糊涂，结果人家并不珍惜你的热情，也不感激你的帮助。你付出的是火一样的热情，可能只会得到刺骨的冷风。你可能还没有意识到自己的生活才是最重要的。你不会辨别什么人才是你真正需要帮助的，真正值得你帮助的，什么人应当置之不理。你要明白，做好自己的事情才是最最重要的。在生活中，坚定地将与自己没有牵涉的事情拒之门外，更不要委屈自己去迁就无关紧要的人。

第 2 章

没有自信什么也干不成

　　自信是利器，是我们遭遇挫折与困苦时用以战胜困难、坚持到底的终极武器。自信是铠甲，是在我们饱受非难与质疑时，保护我们心灵不受伤害的心理屏障。自信者不相信失败。

第一节　自信力源自远大的目标

有了目标，内心的力量才会找到方向；付诸行动，一切才会有所改变。

远大的目标很重要

有了远大的目标，人才会有一股勇往直前的冲劲和强大的自信力，才会最终取得超越自己能力的东西。

■ 目标指引你走向成功

一个大学毕业了四年的年轻人，找到拿破仑·希尔，让他帮忙换一份工作。拿破仑·希尔问年轻人："你让我帮你换工作，你喜欢哪一种工作呢？""哦，这就是我找你的目的，我真的不知道自己想要做什么。"

拿破仑·希尔对他说："让我们看看你的计划，10年以后你希望成为怎样的人，过着怎样的生活呢？"

年轻人沉思了一下说："我希望我的工作和别人一样，有着很优厚的待遇，并且买一栋大房子。当然，我还没有考虑过这个问题呢。"

拿破仑·希尔对这位年轻人说，这是很自然的现象。他这样解释："你现在的情形像你忽然跑到航空公司对人家说'给我一张机票'一样。除非你告诉对方你要到达的目的地，否则他们无法把机票卖给你。同样，除非我知道你的目标，否则我无法帮你找工作。只有你自己才知道你的目的地。"

年轻人又和拿破仑·希尔谈论了两个小时，他们谈讨各种职业目标。通过与希尔的交谈，年轻人上了人生中重要的一课：出发以前，要有目标。一个有目标的人在遇到困难的时候才能更加自信，坚持到底。

目标可以让你展望未来，一个人总是沉溺于过去或对现状耿耿于怀而又没有任何目标，这样的人在遇到困难的时候总是轻易地放弃，没有目标的支撑，他们没有发挥自己的最大能量就轻易地否定自我。其实一个人的过去或现在的情况并不重要，将来想要获得什么样的成就才最重要。而目标的作用不仅是界定一个人追求的最终结果，它在整个人生旅程中都起着重要的作用。拿破仑·希尔这样谈论目标的重要性："有了目标，内心的力量才会找到方向。漫无目的的漂荡终归会迷路，而你心中那一座无价的金矿，也因不开采而平凡得与尘土无异。"目标在我们取得成功之前，具有深远的影响。如果你想做任何有意义的事情，你必须要制定目标，如何制定个人的目标，不同的人之间会有很大的差别。目标越远大，人的进步也就越大。你是不是有这样的体会，当你确定走1千米路程的目标时，在完成0.8千米的路程时，便会有可能感觉很累从而松懈自己，因为反正快到目的地了。如果你的目标是要走完10千米的路程，你就会做好走完10千米的思想准备，就会调动身体各方面的潜能，尽力向前走，这样走到七八千米，才有可能会稍微放松一下自己。由此可见，一个远大的目标，可以发挥人的潜能，可以让你对未来的生活充满信心。

■ 目标越大，动力越大

你的目标必须足够远大，足以让你每天早上能够从床上跳起来，在还没有打开行动的动力开关之前就被激发。如果的你目标只是"在工作上小有成就"，或者"要减掉两公斤的赘肉"，那么，这样的目标不值得你去为之奋斗。你需要伟大的目标，它能够立即点燃你的热情之火，使你马上行动起来。成功人士都是这样取得成功的，奥运会金牌得主不仅是靠他们的技术取胜，还有远大目标的激发和推动力。所以，你的目标必须远大到足以让你马上行动起来，这样你的日常生活中的某些难题就会变得容易多了。

美国的一位节目编导每天都要花很长的时间才能让自己起床，开始工作。他也尝试过制定目标，使自己能"早起一点"或者"一醒来就充满活力"，但这些目标都毫无成效。有一天，他坐下来，开始为自己制订远大的目标——诸如拥有自己的电视节目，创建属于自己的商业霸权。在刚开始的时候，他本人并没有意识到自己的改变，但是他身边的每一个人都看到他的变化。

比如，有一天清晨，为了参与一个电视节目，他5点钟就跳下床赶往英格兰的北部。他的妻子问他为什么会有如此充沛的精力。当他思考这个问题时，他意识到自己现在所做的每一个小动作，都是生活中要取得成功的大目标的一部分。自从他的脑海里有了远大的目标之后，早上起床对他来说已经不是个问题了。因为远大的目标让他对自己的未来充满了信心，身上好像有使不完的劲。

没有远大的目标，人生就没有瞄准和射击的方向，就没有崇高的使命感，心中就不会充满希望。远大目标给你的推动力是你无法想象的，一个人之所以伟大，就是因为他有伟大的目标。一个人之所以能够在困境中继续前进，就是因为远大的目标能够给他带来无比的自信。

远大的目标是你的追求，是你想要取得的东西，它会激励你去努力实现它，因为没有人会关心自己不想要的东西，也没有人愿意做自己不愿意做的事情。

■ 排除暗示的干扰

小时候，母亲总是告诫我们不要做什么事，比如抽烟。在她开始谈论这件事情之前，我们的脑海中从来没有出现过抽烟的念头——但是她不断地重复，使我们十分好奇，不久之后，我们便开始在后院里吞云吐雾。正是母亲的不断暗示使我们对抽烟产生了兴趣，否则，我们有可能至今还不会去抽烟，因为没有提醒我们根本没有想过抽烟。

一个高尔夫球手总是把球击打到沙坑里，而且每次都是沙坑的中央。当人们问他为什么总会把球打入沙坑的中央时，他说，每次准备打球之前，他都会在脑海中勾画一幅这样的情景：高尔夫球会掉入沙坑。然后在画面中打个红色的“×”，告诉自己：“我绝不能把球打进沙坑！”换一句话说，他正在向大脑输入的程序就是要去做他不想做的事情。

后来，这个高尔夫球手开始按照别人的提示设想不把球打进洞，即使他满心疑惑，但他还是这样照着做了。他的这次击球离洞只有3英寸。

在追求目标的过程中，人们往往害怕偏离目标而给自己一些不良暗示，结果正是这些暗示引导人偏离了目标。如一个刚学会骑自行车的人在上路的时候看见一个人远远地从前面走来，心中就开始嘀咕：“不要撞到他，不要撞到他。"结果到跟前，在他还不明白怎么回事的时候就已经撞上对方了。

在你为远大的目标而奋斗时，为了"不去做某件事情"，你就不得不思考这件事情，结果反而给自己一个偏离目标的心理暗示。所以，当你为远大的目标而奋斗时，要专注于自己想做的事情，不要为遇到的挫折而担心，只要想象如果付诸行动将会发生什么就行了。

■ 实现目标从自己开始

在人们开始为远大目标奋斗时，通常会犯下这样一个错误：希望通过别人有所改变来达成自己的目标。"我想要我的老板更加重视我"或"我想要我的丈夫经常带着我出去野炊"，这些都不是目标——仅仅是想象而已，不会给你的生活带来任何的改变，因为别人就是别人，不是你。

无论我们自身有着怎样的能力，我们都不能改变控制他人的行为方式，我们不能改变别人，也不能改变环境。但是，我们却能控制自己的情绪和行为，"我将工作做得更好"或者"我每周至少去野炊一次"这样的目标会使你马上行动起来，并最终赢得别人的行动上的支持。

那么，我们该怎样制定自己的目标呢？注意以下四个方面：

1．目标要远大，让每天早上都有起床的动力。远大的目标能够激励你，推动着你去实现梦想。

2．必须是长期的目标。没有长期的目标，你就会被短期的挫折所击倒。

3．目标必须是实际的、可衡量的。目标不能只是停留在思想上的口号或空话。制定目标的目的是为了前进，不去衡量你就无法知道自己是否取得了进步。所以，你必须把抽象的、不可衡量的目标简化为实际的、可衡量的小目标。举例说明，你的目标如果是扩大在公司的人际关系网，"多认识人"和"增加影响力"的目标是无法衡量和实施的，你需要找一个实际的、可衡量的目标，比如要求自己每周和一位有影响力的人吃饭，让这个人再介绍一个有影响力的人给你。

4．确信你的目标完全围绕你自己，而不是需要别人的改变才能实现你的目标。

分解目标，逐步前行

在 1984 年东京马拉松邀请赛中，名不见经传的日本选手山田本一出人意料地夺得了世界冠军。两年后，意大利国际马拉松邀请赛在意大利北部城市米兰举行，山田本一又获得冠军。山田本一连续获得冠军的秘诀是什么呢？山田本一的自传中这么写道："每次比赛之前，我都要乘车把比赛的线路仔细地看一遍，并且把沿途比较醒目的标志画下来，比如第一个标志是银行大楼，第二标志是一棵大树，第三个标志是一座桥，这样一直画到赛程的终点。比赛开始后，我就以百米的速度向第一个目标冲去，等到达第一个目标之后又以同样的速度向第二个目标冲去。40 千米的赛程，就被我分解成这么几个小目标轻松地跑完了。起初，我也不懂得分解目标的道理，当我把目标定在 40 千米处的终点线上，结果跑到十几千米我就疲惫不堪了，因为我被前面那 20 多千米的遥远路程都吓倒了。"

确实，要达到远大的目标，希望一步到位，这就好像不用梯子直接从一楼跳到十楼去一样，不用梯子你是绝对跳不上去的。反之，如果你一步一个台阶走上去，就像山田本一那样将大目标分解为多个易于达到的小目标，每实现这样一个小目标，就能体验到"成功的感觉"，而这种感觉增强了你的自信心，并推动你发挥潜能去达到下一个目标。当这些小目标全部都实现时，你的远大目标也就实现了。

同样，你若想获得成功，在选择好人生的奋斗目标——你最终想要达到的地方之后，你就要开始设计好要走的路线，第一站要到达什么地方，用多少时间，第二站要到达什么地方，用多少时间。然后按图索骥，一步一步地向终点迈进。

一个刚刚崭露头角的电影演员第一次在影片中担任主角，这是一部长达 3 个小时的影片。电影的拍摄都是一个个短的场景，每个场景只是短短的几分钟而已，而整个剧目中，要背诵持续 3 个小时的台词，这让他有很大的压力，因为那些台词对他来说实在太多了、太长了。

该如何才能更好地记住台词呢？他苦思冥想，后来他终于想出了一个好主意，那就是把整个剧本分成上下两部分，再把每个部分分成一个个独立的场景。这样，他就有许多小工作要做，而不是一整部剧本那样庞大的工程。

想到背诵一个个小场景，他的心理压力没有了，而且每当背诵完一个场景的台词之后，他都更加有信心背诵下一个，因为他发现自己的记忆力如此好。

在掌握了每个场景的台词之后，再把它们糅合在一起，这很容易。后来，即使他的演出获得了高度评价，他在进行演出的时候，想到的也是一小部分的台词。

远大的目标能够激励自我，让生活发生巨大的改变。可是，有时候目标离现实的生活太遥远就会让人失去前进的动力，所以，为了维持这种动力，为了增强我们的信心，我们就必须学会如何分解目标，要把远大的目标分解得足够的小，以至于我们可以在 24 小时内立即采取行动并出色地完成它，只有这样才会保护我们的自信力，并使其更加强大。

分解目标可以让我们一步步地迈向最终目标，也能在逐步实现每一个小目标的过程中增强我们的自信。每年都有成千上万的人在世界的某个地方参加他们生命中的第一次马拉松赛跑。除非是身体特别棒的人或专业运动员，否则，常人是无法第一次就能跑完至少 40 千米的行程。如果没有经过系统的训练，你会发现跑 4 千米都很费劲。因此，你应该给自己制定这样一个目标，每天都坚持跑 4 千米。一周过后，你就可以轻松地跑完 4 千米，接下来的一周，你就可以增加 4 千米。最后，你可以每天跑完 15 千米。下一个转折点"半程马拉松"——大约 20 千米。

假如你是一个有写作潜质的人，让你在一个月内写出一部百万字的长篇小说，你肯定写不出来。但是，如果你每天写 1000 字，坚持一段时间，等你每天可以轻松完成 1000 字的时候，你每天就写 2000 字，就这样每天坚持写下去，你的速度会越来越快，你离成功也就越来越近，不出两年，你就可以完成一部百万巨著。

远大的目标很难实现吗？会影响我们的自信力吗？答案是否定的。只要你学会分解目标，每天都付诸行动，然后坚持下去，你就能充满信心地得到你想要的东西，取得最后的成功。

在逐步实现小目标的过程中，你已经学会培养自信的方法，养成了培养自信的习惯。通过逐步建立起来的自信，你将会惊异于自身超越极限的能力，并会感到自己非常了不起，这将会激励你去追求更加远大的目标。在不断提升目标的过程中，你将会变得非常成功，也将会更加自信。

你的动力是什么

我们平时都会想着去做一些事情，同时也会想哪些事情不需要去做，无论是哪种情况，让你采取行动便是你的动力。人的动力分为两种：一种是自身之外的动力，是你在外在条件的促进下所产生的动力。设想一下这样的情况，如果你居住的地方着火了，在你还没有给消防队打电话之前，在你还没有保证你和家人安全离开之前，你会坐在沙发上抽烟或看杂志吗？你这样坐等着让大火把你所拥有的一切毁于一旦吗？在得知中了大奖之后，你会在推辞几周才去兑奖吗？以上种种情况所产生的动力便是外界因素刺激所产生的动力。

另外一种动力就是自身的动力，人们不需要任何外界的刺激就能行动起来，完全依靠自己找到行动的力量，这样将会产生令你意想不到的效果。

现实生活中，我们所有人都具有动力，但是在很多情况下，人们需要身体外部的某种刺激才能马上打开动力的开关。如果我们在做一件事情时，完全依靠自己找到行动的力量，有意识地挖掘自身的动力，这将会产生怎样神奇的效果呢？美国广播公司的王牌节目《今夜秀》中一期"如何找到动力"的节目对我们有很大的启发。

节目内容如下：

本期节目主持人是前美国海军军官蒙太尔·威廉姆斯，节目组找到一个没有任何动力做家务的小伙子。威廉姆斯和摄影师一行人中午11点来到小伙子的家里，他正躺在沙发上喝啤酒。沙发一边堆满了脏衣服，一边堆满了空的啤酒瓶子。小伙子懒洋洋地与节目组的人打了一声招呼，又歪在沙发上不起来了。厨房里还有几天以前用过的烤箱、炉子、碟子、叉子等都还没有清洗，他的卧室里也是一片狼藉。

台下的观众不相信有谁能够说服这个懒惰的小伙子，让他把又脏又乱的房间收拾整洁。主持人蒙泰尔却坚信他能够让小伙子找到做家务的动力。他首先问起小伙子过去有什么动力没有，小伙子说他实在想不起来自己在过去有过任何的动力。这时，蒙泰尔看到挂在墙上的台球杆，蒙太尔·威廉姆斯问他是否喜欢打台球。此时，小伙子整个身体姿态完全变了，他一下子从沙发上跳了起来，脸上充满了朝气，然后开始激动地谈论他是多么的热爱斯诺克。

蒙太尔·威廉姆斯趁机让小伙子讲述一场他所参加的最激动人心的比赛，这样打开了小伙子身上的动力开关。为了让小伙子身上的动力更加强大，蒙太尔·威廉姆斯让他回忆最刺激的一次求爱经历，并让他把这个感觉附加到动力开关上。最后，他又让小伙子回忆起这样一个时刻，在那种情况下他会立即对自己说："我马上就去做！"并且他要求小伙子把这些感受加入到动力中。这个时候，他的动力已经饱满了！

接下来节目组要求小伙子把这种激动与快乐的期待与做家务联系起来，让他思考一下家务，打开动力的开关，考虑做家务，让他一直这样思考，直到节目组摄像机到位之前，才让他开始行动。其实他早已经迫不及待了。

5 分钟以后，他已经洗完厨房里的餐具，脏衣服也放在洗衣机里开始清洗了，空啤酒瓶子都放在阳台上的啤酒箱子里了。他手舞足蹈地整理着他的卧室，由于他附加了太多的美好感觉来使用手中的吸尘器，以至于不断地变化姿态。他是如此充满活力整理自己的房间，是如此快乐地做家务，台下的观众几乎不敢相信，这就是那个在一个小时前还懒懒地赖在沙发上不起来的小伙子。

通过小伙子前后判若两人的改变，我们可以感受到动力的力量是如此的强大，同样是做家务，当打开了小伙子的动力开关，并把这种动力附加到小伙子身上之后，他是如此的富有激情。

　　也许你会很奇怪地问，动力和我们的自信力、远大的目标有什么关系呢？它们看似没有一点关系，其实却大有关联。到目前为止，我们一直把重点放在自信的状态上——即你体内舒适放松、充满力量的一种自然的状态。然而，自信的精神状态仅仅是取得成功的一半。如果你每天只是坐下来想象自己充满自信的神情、姿态，你的体内也时刻充满信心的力量，你的生活却不可能会有所改变。只有立即行动起来，把信心的力量付诸行动之中，你的生活才会发生质的变化，你的自信力才会在实践中得到增强，你才会变得更加自信。

　　现在明白了，有了动力，你才能在实践中获取更多的自信，才能在实践中提高你的自信，保护你的自信。

　　下面这个练习就是帮助你在任何情况下找到自身的动力的，在开始今天的练习之前，请你先按照下面的要求去做……设想你走到了未来，你的生命还剩下最后的几年时光。你从来没有采取过任何行动去改变自己的生活。设想一下，那时你会有什么样的感觉？现在激发你行动的动力是什么？而让你迟迟不能行动起来的原因是什么？

　　不管你有什么样的感觉，有着怎样的经历，现在请回到现实中来……

　　现在，开始这样的设想，你再次走到未来，你的生命还有最后几年的时光，不同的是，你在之前的每天都有所行动，你为自己设定的人生目标都已经实现。开始想一想，这个未来时刻有所行动的你与之前的那个没有行动的你会有什么样的区别？如果你每天都采取行动，在生命的终点，你会有什么样的感觉？

　　请你想出一件你十分想做的事情。然后，回想一个过去你感到非常有动力的时刻——你立即采取了积极的行动，为你的生活带来改变的时刻。如：你看上了一个美丽的姑娘，立即打听了她的一切情况，然后向她约会，水到渠成的时候又马上向她求婚，现在你已经有了一个幸福的家。诸如此类的事情，可以是在学生时代发生的，也可以是工作中的。回忆之后，回到现实中——观察你眼前的一切，倾听你现在所能听到的一切，从中感受你从刚才的回忆中带来的快乐与满足。

如果你无法回忆起有过这样的时刻，设想如果现在就采取行动，而且取得你想要的结果，你的生活将会变得多么美好，这会发生什么？设想如果你拥有做一件事情所需要的足够的自信、力量、坚韧和决定，你将会感到多么的快乐。

注意要点：当你继续进行这样的回忆或设想，让画面的色彩更加明亮，声音更加响亮，用你最自信的声音告诉自己："立即去追求吧！"

当你沉浸在这些美好的感觉中，把两只手的拇指与中指相互挤压。从现在开始，每次拇指与中指挤压在一起时，你便会开始释放快乐的情绪。

请你一直重复以上的步骤，每一次回忆时你都添加新的动力、新的积极的经历，直到只需要按压拇指和中指，便会为你带来最美好的情绪，便会让你有立即行动的冲动，感觉身上有使不完的劲。

最后，仍然按压自己的拇指与中指，回想一个让你感到最有动力的情景。比如，设想事情进展得十分顺利，一切如你所愿。

注意仔细观察你在那个场景所看到的，倾听你所听到的，感受能使你马上行动。你将会十分快乐、充满力量地去做眼下的事情。

只要你每天多花一点时间用心完成这个练习，你就可以成功地把动力与惊人的力量注入自己的生活中。无论你决定做什么事情，你都发现这将比以前变得更加容易，你也将会更加快乐地去完成，因为现在的你拥有了自身内部的动力。打开动力开关的你，是不是有更多的活力去做眼下的事情？

不怕风险，用勇气引领人生

对一个有信心追求成功的人来说，一定要有面对挑战的勇气，要有永不言败的精神。缺乏勇气的人永远无法体会到成功者的豪情壮志，这就像在灌木丛中跳跃觅食的鸟雀永远也无法知道"扶摇直上九万里"的鲲鹏为什么会不畏艰险地搏击长空一样。勇气在大多数人都反对你的时候给你信心，给你力量。

勇气是一种敢于进取、敢于冒险的精神，一个人拥有它就会相信自己，从而获取成功，失去它就会走向失败。在科学研究领域，很多科学家，如哥白尼、布鲁诺、爱因斯坦等人敢于挑战数十年甚至数百年来一成不变的定律或准则，他们在一次次的失败中找到突破口，就是因为他们相信自己是正确的，相信自己的发现与发明并坚持下去，从而成功地开辟了科学的新天地。这种精神力量在今天这个充满挑战、崇尚创新的世界里尤其重要，因为那些最有挑战性的工作总是会由最富有创新精神、最有闯劲的人来承担，这些人既不会盲目迷信权威，也不会在困难面前低头，他们总有着无比的自信，勇敢地面对前进道路上的艰难险阻，勇敢地承担行动中的风险。

不怕风险，有挑战困难的勇气，就能为我们带来成功的机会。陈天桥就是一个不怕风险、敢于尝试新事物的人。2000 年，网络游戏正处在发展初期，而当时中国市场上只有几款游戏，情况最好的《石器时代》和《千年》，同时在线也只有 3 万人左右。尽管如此，陈天桥依然决定代理《传奇》。当时盛大的投资方中华网并不看好网络游戏的前景，对盛大也没有绝对的信任。面对陈天桥的坚持，中华网的最终决定是：如果盛大要代理游戏，就撤回投资。离开中华网的支持，盛大只能支撑 2 个月。第一次面临生死抉择的陈天桥依然选择了代理《传奇》，他依靠着 20 多个人和他的坚持，不到半年，《传奇》同时在线超过 10 万，并且在之后的一段时间里达到了每周增加 1 万人同时在线的速度。陈天桥成就了传奇，《传奇》让陈天桥的盛大网络公司起死回生。陈天桥的成功来自于他的勇气，来自于他的冒险精神。

陈天桥身上有 3 个比较明显的特点，那就是：自信心很强、对结果无所畏惧、享受追求的过程。陈天桥说："我是一个敢于冒险、喜欢尝试新事物的人，在我所有尝试的事情中，有 90% 以上都是有所收获的，就算是失败的那 10%，也能让我从中学习到很多教训，它们让我更加珍惜其中的 10%。"

虽然任何成功都有运气的成分，但是成功还是少不了尝试的勇气，而这种勇气是以信心为基础的，只有这样，当好运来临时，我们才能够抓住机遇。如果为了躲避风险而不去行动，不敢去尝试，永远不会拥有任何成功的机会。美国前总统约翰·肯尼迪这样说："行动虽然有损耗和风险，但其程度远远不及怠惰所带来的损耗与风险。"

在不知道一件事情能不能做成的时候，你一定要有勇气，不要怕失败，也不要怕承担失败后的风险。在没有试过的时候，怎么知道自己会失败呢？李开复在刚到微软工作时，一般情况下，与同事或上司沟通不存在什么问题，可一到了总裁比尔·盖茨面前，就不敢讲话，害怕出错。有一天，公司要做改组。比尔·盖茨召集 10 多个公司高层人士开会，要求每个人轮流发言。李开复想，既然要发言，不如把自己的心里话讲出来好了。于是，他鼓足勇气说："我们这个公司，员工的智商比谁都高，但是员工的效率比谁都低，因为我们整天改组，不顾及员工的感受和想法……"当他说完后，整个会议室鸦雀无声。会后，很多同事给他发邮件说："你说得真好，我真希望我也有你那样的胆量。"结果，比尔·盖茨不但接受了他的建议，改变了公司在改组方面的政策，还经常引用他说的话。从此以后，李开复在公司会议上更加自信了，他再也不怕在总裁面前讲话了。

开始行动的时候，必须有勇气面对失败。但这不是说让你逞匹夫之勇去做注定不可能成功的事情。当你害怕失败时，不妨这样问一问你自己，你害怕失去什么？即使失败了，最坏的下场是什么？你不能接受吗？

即使你没有成功，别人拒绝了你，那又怎么样呢？只要你还活着，你就还有机会创造属于你的精彩。不仅如此，你还会吸取到经验教训，帮助你在未来获取成功。一个有勇气尝试新事物的人一定是一个自信的人，也是一个能屈能伸的人。

有勇气的人不怕风险，而愿意冒风险的人往往有机会得到更高的回报，因为风险中往往蕴藏着巨大的利益。当你需要鼓起勇气做某些事情的时候，不妨客观地做个风险和回报的对比。微软公司里的经理，很多都是在 15～20 年前加入公司的，现在他们都是身价几千万美元的富翁，因为微软公司有分配"认股权"给所有员工的制度，并不是职位越高的员工越有钱，而是工作越久的员工越有钱，尤其是 20 世纪 90 年代微软股票飙升时产生了很多富翁。而当微软成为今天的巨人时，股票价格的变化也不会很大了，所以，现在加入微软的高层所拿到"认股权"也就不值什么钱了。

同样是微软公司的高层人员，为什么 20 年前加入和 20 年后加入会有这么大的差距呢？因为后来的人加入时，微软已经是一个世界领先的软件公司，他们不需要冒任何的风险，便进入了一家顶级的公司；而那些在微软开创之初加入的人，当时加入的是一家前途未卜的公司，所以，他们所得到的高额收入是对他们当初有勇气冒风险的奖赏。

敢冒风险是通往成功之路的一个重要组成部分，然而，自信地承担风险与自负的贸然行动有着天壤之别。太多的人由于某些事看来"太过冒险"而不敢去做。现在很多毕业生在找工作的时候贪图稳定安逸，不愿意到经营存在风险的小公司去。其实，他们不明白，对于一个毕业生来说，机会远远比安稳更重要，未来远远比今天更重要。

也许很多人会说，如果风险太大回报率又太低的话，为什么还要去冒险呢？其实，只要你有所准备，在对风险确认、评估之后再去行动，这样就可以有效地控制风险了。那些职业冒险者未必就比别人勇敢，他们只是在行动之前有所准备。

任何人都可以经过以下 3 个步骤：确认风险、评估风险、努力做事，来决定是否采取行动，你也一样。

■ 第一步，确认是否具有潜在价值或是其中有不可避免的风险

风险主要分为两种：一种是外界强加于你身上的风险，如社会环境的变化、法律法规的变化，这些是你无法选择的。另外一种是为了获取更多你自己选择的风险，比如你选择个人创业，投资房产，希望在高风险中获取高利润，这种风险就是你个人的选择。因为你看到了风险背后的潜在价值。

■ 第二步，评估风险指数

你可以使用从 1 到 10 之间两个数字来对你所做的事情进行评估，看看是否具有成功的可能性。很简单，第一个数字，代表潜在的回报，也就是在目前的环境中采取行动有多少积极因素？比如，你现在资产雄厚，足以进行这一项投资，或现在国家正在对这一产业在税收上进行优惠，你也有相关的人脉关系网……

第二个数字代表潜在的风险，看看在目前的环境下有什么消极因素阻碍你采取行动？比如，这是一个新兴行业，还没有被大众所接受，你目前的身体状况不是很好……

然后利用这个公式：潜在回报指数－潜在风险指数＝行动指数

积极行动指数意味着这件事情值得你去冒险，值得采取行动；消极行动指数意味着不值得采取行动。例如，一些人想要逃避税收，对于很多人来说，回报指数大概为 1（可以省点钱）；而潜在风险指数为 10（查账、罚款，数额巨大还有可能入狱）。这时行动指数就是 −9，那还是不要行动的好。如果你贸然采取愚蠢的行动，很可能会受到司法审查。

另一方面，如果邀请你心仪的对象约会的积极指数为 10（你有可能和她 \ 他结婚，拥有一个美满的家和幸福的婚姻），潜在的风险指数为 2（他 \ 她可能会说"不"），那你就马上行动去吧！

■ 第三步，做出是否承担风险的决定

一旦你决定承担风险，那你就马上开始行动吧，不过也要提前做好迎接失败的准备，因为任何事情都具有两面性，有成功的可能但也并不排斥失败的存在。

很多人有很多详细而又远大的计划，就是不能行动起来。如果你也是这样一个人，那么下面这个练习，能够让你立刻行动起来。

1. 想出自己想要做的一件事，一定要有点风险，并稍微超出你做事的个性。花几分钟时间确认最基本的安全系数——确保做这件事不会伤害自己以及他人。

2. 计划好时间——最好是今天，如果不行，在未来 48 个小时之内争取到尝试的机会。

3. 当这一刻到来时，要告诉自己，没有什么可以怕的，让一切都见鬼去吧，然后就马上开始行动。

4. 不要害怕失败，即使失败了，你也能继续前进，因为你已经有了最宝贵的经验。成功源于正确的判断，正确的判断源于过去的经验，而经验在大多数情况下是源于错误的实践。曾经的失败可以让你懂得如何扭转逆境，只要学会如何不再犯同样的错误就可以了。

记住，成功者即使在没有完全做好准备之前便学会开始行动。现在你可以开始在行动中寻求自信，行动中的自信会引导你完成生活中的远大目标以及人生的梦想！

第二节　行动力再造自信力

行动是取得成功的关键，是建立信心的基础。周密的计划、高超的谋略、远大的理想，若不付诸行动加以实施，一切都是纸上谈兵，没有任何意义。

勇敢地迈出第一步

不管多么远大的目标，都是建立在行动的基础上的，你是否能够勇敢地迈出第一步，关系着你能够取得成功。第一步对于每个人都十分重要，不管你有如何清晰的行动计划，如果没有转化为实际行动，那么计划便永远是计划。要想达到目标，关键就是迅速、果断地迈出第一步。

只要你敢于迈出不同寻常的第一步，行动起来就简单多了。但是，当你缺乏信心的时候，常常会觉得没有行动力。

实际上，信心和行动两者是紧密相连的。当你充满信心的时候，行动起来就顺畅自如，因为你相信自己，不用担心自己做不好，也不用犹豫和害怕。同样，行动起来，哪怕是只迈出很小的一步，也能增强你的信心。每一步行动都将是你增强自信的砝码，每一步行动对你来说都是一个胜利，这样你就会更加自信："我能行。"反之，如果一段时间不采取行动就会削弱你的信心。

认真审视自己的目标之后，我们就要采取关键的行动。我们可以从简单的行动来开始第一步，通过第一步的行动突破我们的惰性。

可是，如果我们内心缺乏自信的话，我们的行动就会很困难，我们会感觉自己的问题看起来困难得有点吓人。

不到 1.56 米的李丹，体重达到 130 斤，这让她感到自己十分臃肿难看，她为此万分沮丧。她知道除非自己多做点运动，否则永远也不能减轻体重，她开始参加健身运动。可是，一段时间以后，却开始在饮食上放任自由了，因为她觉得像自己这样胖的人是很难减肥成功的。很明显，她的自信心不足。

她找到心理咨询师，说明了自己的情况。咨询师给她的建议是：在开始减肥训练的头一个月，只做两样简单的事情。第一件事情是做饮食日记，她随身携带一个小笔记本，每当吃东西的时候，便把所有吃的喝的全部记录下来（而不是等到一天结束的时候再记录，以免到晚上记录时忘记了什么）。第二件事情就是每天做 3 次 5 分钟的短时运动，运动形式不限，可以在饭后散步，也可以是爬楼梯，或是伴着音乐跳快步舞。第一个周末，她十分兴奋地对咨询师说："现在我发现笔记本放在我眼前时，我很轻易地就能抵制美味的诱惑了。因为吃完一块巧克力我就想，我可不想记下'吃了 5 块巧克力'，于是就把巧克力收了起来。"月底的时候，虽然没有进行实质性的节食，李丹发现自己很主动积极地减少了许多不健康食物。

与记录饮食日记一样，李丹每天坚持做 3 次 5 分钟短时运动。她很快就觉得一天做 3 次 5 分钟短时运动远远不够，于是她便开始寻找更多的事情来做。其中之一便是，把每天的乘电梯改成爬楼梯。在下班回家的时候，她提前早下一站车以增多步行时间。就这样，她每天总给自己找一些新鲜事来做。在头一个月里，她足足减掉了 1 公斤。虽然整个体重没有减轻多少，但她却很开心，因为她还没有开始尝试减肥锻炼便已经有了效果。

最显著的变化是李丹减肥的信心增强了，她曾经认为自己无药可救——缺乏意志力和自我控制力——现在她已经向自己证实了她是有控制力的。随着自信心的增强，她有了更强的行动力，要做的事情也日渐多了起来，她还报名参加了一个舞蹈学习班。

只要你迈出行动的第一步，就会发现往后走就很容易了。李丹不就是从第一步——记录减肥日记和做短时运动开始的吗？她并不是从一开始就去参加瘦身班。

当你犹豫不决，不知道自己的第一步该做什么时，应当从最容易做的事情迈出第一步。比如，你在找工作的时候，仅仅从《人才市场报》或

《前程无忧》上找出适合你的单位，你所要拨打的电话号码，然后记录下来，今天的事情就算完成了；或者把你所需要的资料拿出来，然后在互联网搜索你需要的相关内容，把网址先记录下来，你不必进入。

你也许会觉得很奇怪，这些微不足道的小事会起到什么作用呢？事实上，这些小事里面已经蕴藏着一股强大的动力——你已经开始有所行动了，你已经开始实施自我改善的计划了。当你致力于做好那些在开始阶段最简单的事情，而不是紧盯着摆在眼前的一大堆问题时，你会发现有些事是很容易完成的。等到你自己所承诺的事情完成了，你会有一种极大的满足感，第二天精力也十分充沛，会自然而然地继续干下去，也许还会超额完成给自己设定的任务。

伴随着第一步，你的身心状态也会得到改善，因为你知道自己已经开始行动了，并且已经从行动中找到了力量，你会朝着目标引导的方向前进。成功的秘诀就是每天做一件简单的事情，并且坚持下去。当你积累到一定程度时，便会有实质性的飞跃，你就会非常激动和兴奋，当然，你也会更加自信了。

坚持下去比三天打鱼两天晒网的效果要好得多。你可能一周之内只做一两件或两三件事，但重要的是能够持之以恒。马飞总是乱花钱，他总是遇到经济困难，于是，他就坚持记录花销账目。但是，要把毕业以后3年积累起来的乱账清理出来根本不可能，所以他没有这么干。他只是在包里放了一个信封，在买东西付账的时候就把收据放到里面，并在信封上标注好年份和月份。此外，他还采取了其他一些做法：从网上学习理财方法，把信用卡放在家里，只在钱包里留够自己一个星期的开销。在一个月内，这些简单而又没有压力的方法使马飞的开支状况一目了然，他的账目也更易于管理了。曾经认为自己是个十足理财白痴的他，通过每天的坚持找到了财务上的自信：理财和其他技能没有什么两样，通过学习是完全可以掌握的。

下面的一个练习，可以帮助你计划你的行动。

■ 确定你一周之内要做的几件事

你是每天都做？还是一周只做3天？或是5天？抑或是哪一天？你做的事情越多，你的自信心就会建立得越快。但请记住，不要让自己过于疲劳，这样反而会事半功倍，还会让你疲惫不堪，从而丧失信心。最好集中在你近期目标内的几件事情上，确保自己能够说到做到，不要苛求自己，不要追求速度，如果给自己的要求过高，一旦达不到你就会有失败感。

■ 每一次都选择最简单易行的下一步

在坚持行动的过程中，你会发现某些行动在开始看起来几乎是不可能实现的，而几个星期以后就能轻而易举地实现。有些人在刚开始时就写下未来要做的事情的清单，而且把行动安排到每日的日程中，开始时满怀信心，但过不了多久，自己就会在这张令人生厌的清单面前退缩不前，然后便放弃了。所以，最好的是一次只想一天要做的事情，第二天要做的事情顺其自然地等到第二天再去做。如果马飞尽想着还要周复一周的整理账目工作，他也会很快就会全盘放弃。他把这一过程分成简单的阶段纳入自己的生活，只是记录每日的花销，查看理财知识，只花现金而不用信用卡。他就是通过这些简单易行的事情把个人的理财计划坚持下来的。

■ 与自己约定，记录行动清单

选择某个行动，然后决定第二天什么时候从哪个方面开始做起。通过这样的安排，事先把要做的事情记录下来，然后签上你的大名，这会坚定你做这件事情的决心。如果你养成这样一个好习惯，就会发现，信心不仅仅是一种感觉，因为随着你的行动，你会用具体的事实证明自己能够做到。一旦完成与自己约定的事情，你的信心就会增强，这样，随着不断地约定，不断地完成，你的信心将会越来越强。

要想迈出第一步就得从当下做起，从现在做起，抛弃那些毫无意义的习惯，投身到一种积极热情的生活中去。请从最简单的事情开始你的行动吧！

每天付诸行动，直至成功

有一个人，公司开会时大脑中突然闪过一个有关商业投资的项目，他想："如果每天与 5 个人谈论一下这个计划，那么一个月就是 150 人。这150 人中必定有人对我的投资项目感兴趣。"

起初的几天，他不得不强迫自己给别人打电话。这是一个很有意思的过程。每次他拿起电话，都会觉得很难受，因为内心总有一个声音在对他说："这样做根本没有任何意义，其他人不会对此感兴趣的。"每当这样想的时候他就十分厌烦，以至于不耐烦地对自己说"算了吧"，然后喝杯咖啡，思考一些别的事情，强迫自己消除了不安情绪，接着再直接付诸行动。到第三天的时候，这种不适情绪已经好多了，打电话对他来说不再是一种折磨，而是越来越轻松。

第一周快要过去的时候，他可以轻松地拿起电话了，起初的不良情绪已经消失了。他发现每天开始行动甚至比什么都不去做要容易得多，在还没有和第 15 个人谈生意的时候，他已经成功地做成了那项投资计划。

这个人获取成功的秘诀是什么呢？就是每天都付诸行动，直到成功为止！

每天都朝着自己的目标去努力，行动就变得越来越容易，因为，你每天都在行动，持之以恒，行动就会成为你日常生活中的一种习惯。早上，没有人会不穿衣服赤裸着身体去上班，然后拍着自己的脑门说："真是难以置信——我忘记穿衣服了。"之所以不会发生这种情况，是因为我们从小就已经养成了在离开家门之前必须穿好衣服的行为习惯，这种行为你已经练习过无数次，早已成为你脑海中根深蒂固的一种习惯。

当把这个简单的逻辑运用到你达到目标的行动中去，你将会发现养成每日行动的习惯将会改变你的生活。将自己的远大目标写在随处可见的地方——床头上、卫生间的镜子上、手机开机语上……每天至少付诸一次行动，让自己更加接近目标。每天都付出努力，你将会拥有源源不断的动力，朝着自己的目标前进。

世界著名的大提琴手巴布罗·卡沙斯在成为举世公认的艺术家之后，依然每天坚持练 6 小时的琴，养成了每日行动的良好习惯。有人问他现在为什么还要练琴，他已经是举世闻名的艺术家了。他的回答很简单："我觉得我仍在进步。"一个成功者想要继续成功还不得不每天都付诸行动。

如果你要实现自己的远大的目标，更需要付诸行动，养成每天都行动的好习惯。只有不断地付诸行动，你才能取得一个又一个的成功，就像在旅程中你必须一站一站往前走，一旦停下来，不再去努力，不再付诸行动，你就永远到达不了旅途的终点。

　　还有些人迟迟不敢采取行动，总是希望等到万事俱备，时机成熟，确保万无一失的情况下才付诸行动，这种思想就限制了他们的自信与办事效率，这或许就是他们所犯的最大错误。各个领域的精英均是在完全做好充分的准备之前便开始付诸行动的。很多人都曾经遇到过这种情况：对某种产品有了新想法，发现某种服务项目有利可图，几年之后，无意中翻看杂志或走进某家商店时，发现那正是自己几年前的创意。你与开始某项服务或是创造出某种产品的人相比，唯一的区别就在于他们付出了行动，他们成功了，而你当时的那个创意至今还是脑海中的一个想法而已。

　　你也许会说，没有付出行动的原因在于你还没有准备好，但是不要忘记了行为习惯的秘密在于：真正成功的人士在做好准备之前便开始行动。

　　如果你养成了行动的习惯，你就会在做好准备之前便开始付诸行动。当你有了某个想法之后，你就会有意识地收集信息，分析你所要从事行业的未来前景，而不是无谓地等待。然后，在做好这些准备之后，你便可以立即开始行动，并根据行动来修正自己的方向，保证每日都向着自己的目标迈进。

　　每日的行动习惯不仅会为你指引前进的方向，还会让你对自己更加满意，因为在行动过程中你向自己证明你能做你想做的事情，你是可以把握住自己的。美国大脑研究员乔治·布恩斯证明，在进行与大多数人期待相反的实验中，对未来不确定的情绪更能让人们对自己感到满意。

　　人们总是喜欢自己熟悉的事物，事物越是朝着我们所期待的方向发展，我们的大脑就越迟钝，周而复始的同样的事情再也不会激起我们的兴趣，当然对自己的生活也就不会满意。只有做出某些改变，我们才能有所收获。当我们经历新事物或者意料之外的事情时，大脑即开始运动，大脑中的神经传导物质多巴胺便会大量释放出来。当你每日的行动达到预计目标之时，血液中的复合胺，大脑中的一种影响人的情绪的一种化学成分便会释放出来，使你感到更加快乐与满足。这一切还会提升你尝试更多新事物的动力，并在生理上增强大脑分子的结构，提升快乐的情绪。

　　有很多人都会在行动的过程中给自己设限，使自己不能最大限度地发挥自己的潜能。这种现象是引起沮丧、怠慢以及自我欺骗行动的原因之一。

有这样一个故事：有一家动物园里引进一只小熊，并把小熊装在了一个小笼子里。小熊就在笼子里爬上爬下，等到动物园筹集到了足够的资金，准备为这只小熊建造一个大的围栏，里面有小熊喜欢的爬的树，有岩石，甚至还有个喷泉。等到小熊的快乐乐园建好的时候，工作人员用起重机把小熊联通笼子一起移到围栏里。笼子的锁打开了，人们都期待着小熊兴奋地从笼子里走出来，踏进一个全新的世界，人们都深信，这只小熊将会在幸福与快乐中度过余下的时光。但是遗憾的是，这只小熊仍然以同样的步伐在笼子里爬上爬下，一直到死，它也没有走出那个笼子。

与熊相似，人们同样也会很快地适应自己为自己设定的笼子。所以，为了发挥自己的潜能，打破限定自己的"笼子"，你就需要为了目标而行动，特别是在还没有做好准备之前就开始付诸行动，养成每天行动的习惯。

要想成功迈出束缚你的笼子，就一定要坚持不断地完成每日行动计划，因为当你完成每日的行动计划时，你的大脑便会释放大量的多巴胺，它会让你感到更加快乐，你也将会对自己更为满意，更加相信自己。

只要你每日都付诸行动，你将会获取越来越多的自信，从而激励着向前迈进，行动——提升自信——新的行动——进一步提升自信……你将会在这个良性循环里获取更多的回报！

创造一个激动人心的未来

现在请你抛开一切杂念，敞开你的心扉，做一段心灵之旅。假设你正在前往殡仪馆的路上，要去参加一位至亲的丧礼。到达之后，你发现你的亲朋好友齐聚一堂是为了向你告别。也许这是许久之后才能发生的事情，但假定这时亲人代表、朋友、同事或合作伙伴，即将上台追述你的生平。

请你认真想一想，你希望听到什么样的评语？你这一生中最大的成就、贡献是什么呢？你是否已经实现了你的梦想？请记录下你的感受。

人们生活的目的就是实现人生的最终期许，达成自己的心愿。通过上述的试验，可以发掘出人们心底最深沉的愿望、最终的人生目标。知道自己的最终目标，了解自己的人生期待，人们就不会误入歧途，白费工夫。因为，有了人生期待后，人就会利用自己的潜意识能量为自己创造一个激动人心的未来。这时，我们不仅可以成为最好的自己，还可以发挥自己所有的潜力，追逐最感兴趣和最有激情的事情。我们所设想的激动人心的未来会在我们走路、等车甚至洗澡时都会对它念念不忘。一个激动人心的目标能让我们很容易地在我们所在的领域里取得成功。我们可能会为它废寝忘食，在睡梦中想起来的一个主意，都会让我们跳起来。这时候，我们已经不是为了工作而工作，而是为了实现自己的未来而工作。不论我们是做何种工作，当未来的激情与工作糅合在一起的时候，就可以享受到工作的乐趣了。

比尔·盖茨曾说过："每天清晨醒来的时候，我都会为技术进步给人类生活带来的发展和改进而激动不已。"从这句话中，我们可以看出他对软件技术的激情和热爱。因为他的梦想就是专注于软件技术的创新。1977年，为了自己的梦想，为了自己所热爱的软件，比尔·盖茨放弃了数学专业。2002年，比尔·盖茨在领导微软 25 年后，却又毅然地把首席执行官的工作交给了鲍尔默，因为这样他才能投身于自己最喜爱的软件创新工作中。虽然比尔·盖茨曾是一个出色的首席执行官，但是他改任首席软件架构师后，他对公司的技术方向做出了重大贡献。为了自己的未来和梦想而努力，他更加有激情了。

如果我们利用大脑中的能量，在潜意识中为自己创造一个激动人心的未来，并付诸行动，开始打造"下意识"的成功，我们的生活便可以因此而开始改善。

现在让我们开始在潜意识中打造属于我们的成功。为了做到这一点，首先要注意到头脑中独特的时间表达方式——不用思考，就可以直接指向未来。在做这个练习之前，请先指向过去，让自己发现内心的"时间线"，对它有一个清楚明确的认识。

第一步，回想每天都要做的一件事情，比如洗脸、刷牙或吃午餐之类的。当你在脑海中出现明天将要做这件事的情景时，头脑中的图像出现你面前，它是在你右边还是左边？离你有多远？现在就开始回想……

　　第二步，在接下来的一周里重复第一步。图像是在右边还是左边？在你面前还是在你后面？离你更近还是更远？再一次指向你在头脑中看到的"形象"。

　　上一周的情形怎样？一周以前你头脑中图像的位置是在哪里？

　　第三步，试想一个月后重复第一步。图像离你是更近还是更远？是更靠右边还是更靠左边？是在你的前面还是后面？是更高还是更低？

　　过去一个月的图像是怎么样的？那个时候你的图像位置是在哪里？

　　最后，在接下来的 6 个月里重复第一步。看你脑海中的图像离你是更近还是更远？是更靠右边还是左边？是在前面还是在后面？是更高还是更低？

　　过去 6 个月的图像是怎样的？现在便指向那个图像。把所有的图像连成一条线，这便是你的"时间线"，是你的大脑在无意识中对时间的表达方式。

　　现在请为了日后的成功而编译你的大脑程序。当你拥有一个具有足够挑战性的未来时，你所有的一切都会为这个未来而努力，最让你振奋的是每一天你都在向未来靠近。

　　记得一个高人说过："当你知道自己确实需要什么时，你会想办法让它成为现实。"现在我们举个例子，一个中专生希望通过考上研究生，然后到哈佛去读博士。也许很多人都会说，一个中专生想考哈佛，是不是痴心妄想呀。当然不是，这个中专生采取了这样的行动：他每天都想象自己与家人和朋友一起吃饭的情景。他们围坐在一起庆祝他学业上所获得的成功。他取得硕士学位，正在考虑如何才能考进哈佛。他们正在计划他考上哈佛后该去美国的哪些城市旅游，并且计划他去法国南部度一个奢侈的假期，洗着日光浴，饮着香槟。他沉浸于自己的想象，看起来自得其乐，无论是从精神上还是从物质上这对他来说都是一种巨大的满足感。每天经过这样的想象之后，再来背英语单词或做练习题反而会感到很快乐，很享受。

　　现在开始今天的练习，请开始创造你的未来。

　　第一步，设想这是未来中的某一天，而且是生命中度过的最好的一年。

　　你的人际影响力、事业、经济状况、身体状况和精神生活都是怎样的？完成了哪个远大的目标？你在哪些方面取得巨大的进步？你又具备了哪些思想和行为？你变成了一个什么样的人？

第二步，想象一幅完美的景象：在未来的某一天，你拥有了自己想要的一切。把图画中的场景尽可能清晰一点，确保你可以看到自己是有多么的积极向上，是多么的快乐。这种景象可以是现实中的场景，也可以是具有象征意义的场景。

现在就设计自己的"完美景象"。在这个完美景象中，你是在哪里？和谁在一起？你所取得的最大的成功是什么？你最喜欢成功的哪一方面？请你把这幅景象放置于未来一年里你的时间线中。让想象中的图像更大，更亮，更醒目一些，色彩更艳丽一些。仅仅想象一下，感觉就会很美妙，你也将会从中得到更多的力量和自信，你将会知道自己这样做是多么的正确。

第三步，请不断地重复以下步骤。

想象一幅较小的景象，并将它放置于较大景象的前面，时间上向前推进几个月。

想象一幅更小的景象，并将它放置于上一幅景象的前面，时间上再向前推进几个月。

想象一幅更加小的景象，并将它放置于上一幅景象的前面，时间上比上次再向前推进几个月。

现在，你应该拥有一系列持续到现在。通往激动人心的未来的景象。这些景象应该是越来越大，越来越好。看着这些图画，并在接下来的一年中，想象自己是如何一步一步地迈向成功的。

第四步，请你慢慢地走入你想象中的场景。花上几分钟时间充分感受迈向成功路上的每一步。当你走入想象中的完美场景中最大的图片时，请尽情地享受成功的喜悦。拥有梦想中一切的感觉怎么样？是不是很激动人心？是不是很充实？

最后，请你回到现实，再次观看你未来一年的时间线。你已经不经意间创造了一幅关于未来的美好图片，作为你创造未来、获取成功的导向。你会因此更加自信。

做好个人时间管理

在生活中，有很多为目标而忙碌的人，他们渴望自己能够成功，能够实现自己的目标，但由于时间管理不到位，使自己在达成目标的过程中遇到许多的问题。相信这些问题也是你所关注的：我要做的事情太多了，可总是感到时间不够用。每天都把神经绷得紧紧的、匆匆忙忙。每周 7 天，天天如此。我也参加过时间管理培训班，也尝试过不下 5 种规划时间的办法，虽然不能说没有什么帮助，但我仍觉得自己无法过上理想中既充实而又自在的生活。

我很忙，的确很忙。但有时我并不清楚，我的忙碌是否有意义。我的确希望我的忙碌在我的工作中，在我的人生中是有意义的，希望由于我的存在，事情会出现某种不同。

个人时间管理不到位，你自己不仅劳累不堪，该做的事情还没有做完，这的确会打击你的信心，让你感到很沮丧。那么，该如进行有效的个人时间管理呢？

要事第一是史蒂芬·柯维博士提出的自我管理的原则之一。有效的时间管理是掌握重点的管理，时刻把最重要的事情放在第一位，以免被一时的情绪或冲动所左右。学会分辨轻重缓急是时间管理的精髓所在。

有关时间管理的研究已经有很长的历史，西方时间管理理论已经可分为四代。第一代理论着重强调利用便条和备忘录，把当天要做的事全部写上去，随身携带随时检查，做完一件事情便立即开始做下一件事情，在忙碌中调配时间和精力。但丝毫没有"优先"观念，虽然做完每一件事情会给人带来成就感，可这种成就并不一定符合人生的大目标。所以，完成的只是必要而非重要的事情。

第二代理论强调日程表，反映出时间管理已注意到规划未来的重要性，能够未雨绸缪。它已经比第一代有重大的飞跃，但没有优先顺序，提倡做得越多越好。

第三代是目前正在流行、讲求优先顺序的观念。按照轻重缓急设定短、中、长期目标，再逐日制定实现目标的日常行动计划，将有限的时间、精力加以分配，争取最高效率。这种做法有它的可取之处，但是，过分地强调效率，把时间绷得紧紧的，反而会产生副作用，使人们失去了满足个人需要，增进感情以及享受意外之喜的机会。

现在，又有第四代理论出现，与以往截然不同的是，它根本否定"时间管理"这个名词，主张关键不在于时间管理，而在于个人管理。

以下是史蒂芬·柯维博士做出的人们日常用到的事务分类表：

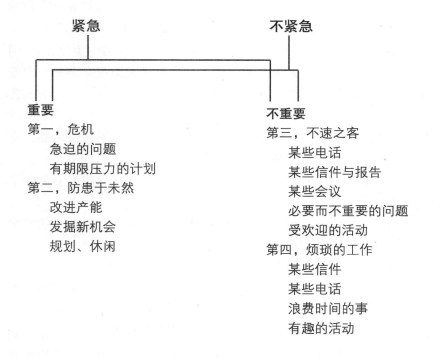

上表是根据第四代个人管理理论，将耗费时间的事务依据紧迫性和重要性分类。急迫性的事务是你必须立即处理的事情，比如电话铃响了，尽管你忙得焦头烂额，也不得不放下手中的工作去接听。急迫的事情是谁也推脱不得的，但急迫的事情未必就是重要的事情。

重要性与目标有关，凡是有价值、有利于实现个人目标的事情就是要事。一般人往往对急迫的事情立即做出反应，对有助于实现个人目标的要事却不愿意及时做出反应。在上表中，第一类事务既急迫又重要，需要你立即处理。危机处理专家或有截稿压力的文字工作者经常面临着这样的事情。如果经常处于这类事务中，人们会很劳累。唯一的逃避方法就是做那些无关紧要的活动（第四类），至于急迫而不重要或重要而不急迫的事情便被抛在脑后。偏重于这一类事务的人往往会感到有压力、筋疲力尽。

也有人把大部分时间浪费在急迫但不重要的事务上，认为越急迫就越重要。实际上这是一个错误的认识，因为急迫的事情往往是对别人而非对自己很重要。注重这类事务的人缺乏自制力，完不成个人目标就责怪他人；轻视目标和计划；人际关系浮泛，很容易破裂。

只重视第三、第四类事务的人，往往不能达成个人制定的目标。因此，要懂得舍弃这两类无关紧要之事，对第一类事务也要尽量节制，以投入更多的精力关注第二类事情（重要但眼前尚不急迫之事），才是个人管理之道。

真正有效能的人，总是急所当急、不轻易放过机会并防患于未然。尽管也会遇到燃眉之急，但总能想办法将危害降到最低。

现在，请你用几分钟时间回答以下两个问题，这对于你进行有效的个人管理很重要。

第一，有哪些事情，你经常坚持做下去的话将会对你个人的生活产生重大的积极影响，可是你却迟迟没有去做？

第二，在事业上有哪件事会产生类似的效果？

估计答案多半是第二类事务，因为它很重要，所以才对你的生活产生积极的影响，却又不够紧迫，所以才受到忽略，一直没有采取行动。

桑德兰是一位28岁的母亲，有两个孩子。每个星期的5天，她需要教外国人学英语。她的丈夫白天在一家电子厂家的仓库工作。7岁的大女儿上小学二年级了，学习很吃力。5岁的小儿子开始上幼儿园。桑德兰非常希望在自己的家里教育孩子。她对当地的公共学校成见很深，加上一些早期教育的理论、家庭观念，更加坚定了她的想法。

桑德兰把女儿从学校领回家，开始尝试在家给两个孩子上课。但是，她发现这样很难把所有的事情都处理好。她教英语的常规工作，提交给教区孩子的所有学习材料、测验和批改试卷,家务活,还有要看护的宠物,挤出时间和丈夫独处,抽时间探望父母或周末出游……她要做的事情是如此之多,她累得虚脱了,很是沮丧。

后来,她按照以下 3 个步骤进行个人时间管理。

■ 第一步,确定角色,优先安排

首先,写下个人认为在生活中扮演的重要角色,包括你在未来目标中的新角色。如果你不曾认真考虑过这个问题,就把所有闪过你脑海中的角色逐个写下来。除了"个人"以外,父母、儿女、妻子、人事经理……凡是你愿意定期投入时间和精力的,都可以写入其中。然后,给这些角色评级,从最重要的"1"等开始,接着是比较重要的,以此类推。以下是桑德兰的角色优先安排:

1. 母亲
2. 妻子
3. 学校里的英语教师
4. 女儿
5. 天主教徒
6. 旅行者
7. 网球爱好者
8. 社区计划委员会委员
9. 教会志愿者
10. 清洁女工
11. 缝补女工

现在进行到比较困难的一步——为了更好地担当那些优先的角色,必须结束掉那些较少充当的角色。桑德兰认识到她必须大量减少社区活动、网球锻炼、旅游。她不得不降低家务清洁和整理的标准,或是让自己的丈夫顶替。至于那些浪费时间的习惯,和好姐妹煲电话粥,观看脱口秀节目等等,都需要放在一边。

■ 第二步，选择目标

为每个角色订下未来一周应该达成的两三个重要成果，列入目标栏中，并把每天的任务分成头档、中档、末档三个档次。头档的任务是当天一定要完成的事情，比如去看医生。中档的任务相对来说不是最重要，但应该是在当天并且最迟不能超过明天要做的事情，比如，做你的简历。末档的任务是最不重要的，像清洗冰箱。它们迟早要做，不过，晚一点也可以。桑德兰确定了每周的目标、每天的任务，她保证自己每天有一两件头档的任务。给孩子们上课的时候，安排一次寓教于乐的游戏。确定在某个日程留出足够的时间与丈夫交谈和偶尔去探访父母的时间。中档任务有的是去做头发，有的是做牙齿护理。末档的任务，有的是种些植物，买盆花，这些在一天结束的时候如果还没有做，甚至一周结束都没有做，她会有些许遗憾，但不会影响到她的自信力。现在，她仍是在家教育自己的孩子，做家务，还教英语，但是，她没有那么劳累了，而是更加有精力了，自信力正在逐步提升。

■ 第三步，学会说"不"

当你集中于个人的事务管理时，就得排除次要事务对你的干扰。如果你不懂得拒绝别人的请求，凡事有求必应，其结果就是你的事情没做好，别人的事情也都没做成。当别人希望你放下手中的事情，听从他们的安排时，你要有说"不"的勇气。当别人需要你的帮助时，你可以这样问自己：他的要求合理吗？这对我重要吗？

如何进行有效的个人时间管理，道理很简单，也容易操作，关键就是坚持下去，养成良好的习惯，因为好习惯是打开成功之门的钥匙。

不能行动起来该怎么办

很多人都会有这样的经历，某些时候无法去做自己认可的事情。那该怎么办？

我们每个人都拥有一种先天的叛逆性，它们会突然发作起来，和我们闹脾气，与我们作对。在那样的时刻，我们常常觉得自己是两个人：一个热心的行动者，一个激烈的反对者。可恨的是，我们在大多数时候都要听从那个反对者的，向它妥协。当这个反对者占据上风时，我们的自信心就会立即下降，于是就开始责怪自己，想着以前已经想过的老问题：我知道自己不会把这件事情做成的，以前的成功只是侥幸，而不是我这个人有什么能力；我根本就不行，别的人都比我强，他们更有行动的力量……

这样我们常常花一整天来考虑自己要做某件事，而又不能立即行动起来，总是时断时续，忧心忡忡。这段时间里，又不愿意去做其他的任何事情，就一直等待着，等到自己能够快乐地去做自己认可的那件事情，要不然就开始自我惩罚，自暴自弃。这样下去结果更糟，因为那件事更像一个雪球似的越滚越大，而我们则更不想去采取行动了。

陈墨所在的企业由于经历了一场商业危机，要裁员，他不幸被公司裁退。他的一个大学同学愿意帮他联系，并向他介绍了一些可能对他找工作有所帮助的人。

陈墨打算给他的同学打电话，却花一整天的时间来考虑打电话的事情，就是没有采取行动。因为他感到自己很失败，自己与这个社会格格不入，自己在同一个企业死心塌地工作了几年还是被无情地裁退了，他这样越想越不愿意去打那个电话。一个白天，他就无精打采地坐在房间里，开着电视，吃些熟食，喝点啤酒。他的房间里一片混乱，厨房里堆满了没有清洗的碗筷和厨具，他的床铺也是乱糟糟的。实际上，他从早上起来还没有洗漱，整整一个上午毫不在意灰头土脸的自己，穿着该洗的衣裤，就那样坐在肮脏、杂乱的房间里。他也知道眼下当务之急是应该先找些工作来做，他也认为自己应该放下所有的事情，去做眼下迫在眉睫的事情，但就是无法行动下去。

他的好朋友建议他暂且把找工作的事情先放在一边，不去想任何与找工作有关的事情。他要做的第一步就是上好闹钟，早晨按时起床，然后马上把自己的床铺整理好。实际上，他那乱糟糟的床铺与房间其他地方的凌乱，比找工作更加让他心烦意乱。现在，他每天早上起来就把房间打扫干净，把房间收拾整洁。他还减少了看电视的时间，并改变了自己的饮食习惯并坚持体育锻炼，增强自己的体质。有一天，他打电话给他以前的同学求助被拒绝了，他情绪十分低落。但他并没有因为心情不好停止每天的锻炼，当他锻炼完毕，跑回自己的家里，看到他那干净、整洁的房间时，一种自豪感油然而生。"虽然我还没有找到工作，但我觉得自己还没有那么糟。"他说，"也许我应该换一种恰当的方式与我的同事谈谈。"

事实上，每个人都有类似陈墨的经历，每个人都会有失去信心的阶段，这个时候有无信心的差别就在于人们的态度。自信的人相信自己能够克服眼前的困难和障碍，相信自己能够比大多数人做得更好。正因为有了这样的想法，所以当他们在不能立即采取行动的时候，就会把思想包袱抛在身后，现在就不去做它，然后原谅自己。缺乏自信的人会认为这是不思进取、缺乏动力的表现，认为这是自己能力不足的标记。

如果眼下实在没有行动的力量，不愿意采取任何的行动，那就干脆不做，并且有意识地不去想那件事情。你也许会觉着很奇怪，这不是向头脑中那个激烈的反对者投降吗？

试试看吧，你会发现这样的做法对你很有益。如果你陷入了困境，就给自己限定一个时间，比如说半个小时或一个小时，如果在这段时间将要结束时还是毫无进展，你仍然没有办法开始采取相关的行动，那么就斩钉截铁地对自己说："算了，我今天不去做那件事了。"而不是为了做不成那件事而攻击自己，并感到十分痛苦。这样你会有一种立即解脱的感觉，并且有一种一切仍可以控制在你自己手中的感觉。如果你真的无法在你希望改进的方面采取行动，那就请选择其他一些可以立即行动的事情，这会让你保持良好的自我感觉。你会觉得自己并不像想象中的那么糟糕，你会重新找到能够把握自我的感觉。

李铮想通过傍晚跑步来增强体质，一段日子以来，每当他做好跑步的思想准备时，却总是坐在电脑前一动也不动，就像屁股被钉在板凳上一样。这让他感到很自责，后来他采取这样的策略：如果在半个小时快要结束的时候他仍然没有去为跑步做准备，那他就会决定再上一个小时的网。

决定以后，他发现这样会有以下 3 种妙处：第一，有意识地做出不去跑步的决定，他仍能感到是自己在控制一切——这是一种很美妙的感觉，他仍可以抽出别的时间去跑步而不会觉得自己没有自制力。第二，他可以尽情地享受上网的乐趣，而不是被自责和悔恨的糟糕心情把这份乐趣破坏殆尽。第三，做出了这样的决定，会觉得自己的心情是如此地愉快，因为他已经解除了心理上的压力——内疚感。这时他会立即下线，关掉电脑，然后去跑步。

当你觉得自己无法采取已经计划好的行动时，不妨向陈墨、李铮学习，可以试着做以下几件事情：

第一，在你不想立即采取行动的时候，看是否有其他简单易行的事情是你可以先做的。比如，陈墨在不想找工作的时候就不去找了，而是把房间收拾一下，床铺整理一下。李铮只是把跑步需要的衣服找出来穿在身上。通常的情况是每当他穿完衣服之后，他就已经完全做好跑步的准备了。

第二，给自己的行动定个期限。当你给自己限制开始行动的时间时，你也就不会磨蹭了。半个小时的时间足够了，超出这个时间的话，想做而又不愿意做，自己内心的斗争会让你很痛苦。当你只有半个小时的行动时间时，在时间将要过去的时候，你就会自己下命令："马上开始！立即行动！"这样你会很快开始行动了。

第三，决定不做。当你限定的开始行动时间已经过去了，你还是不能行动起来，那就干脆不做了。这时要坚定地对自己大声说或默默地说："我决定不做了。"你就感觉到自己仍可以把握自己，同时还能享受一下放松的感觉。李铮在经过一段时间的斗争之后还是下不了网，就大声地对自己说："我决定不跑步了。"

第四，决定让自己放松一下。什么事情也不做，只是一个人享受消遣的乐趣。因为你不是一个上了发条的闹钟，也不是一台机器。实际上，什么也不做，就让自己放松一下，这样对你很有好处。卓月决定要减肥，于是她就自觉地照着减肥食谱去做，过了一段时间，她特别想吃巧克力。若是在以前，她就会毫无节制地吃，能吃多少就吃多少，吃完之后就会陷入无限的懊悔与自责中，感觉自己糟糕透顶了，连一块巧克力的诱惑都禁不住，还谈什么减肥计划。这样想着想着，她就从内心放弃了自己的减肥计划，又开始大吃大喝起来。由于内心的羞愧，她在吃巧克力的时候并没有感到有多开心，反而感到内心的痛苦要多于吃巧克力的乐趣。现在，在她想起巧克力的时候，她就决定让自己吃一小块巧克力，并且在她吃巧克力的时候不去考虑其他事情。这样她就能坐下来慢慢地品尝，尽情享受巧克力的美味。因为这是她自己的选择，而不是因为禁不住诱惑才去吃的。她会在吃完一块巧克力之后感觉非常满足，然后再毫无负担地回到她的减肥食谱上去。

让自己放松一下，做出明智的决定总比你在懊悔中放任自流强得多。

第五，从头再来。你必须为你的行为负责，在经过短暂的放松之后，你必须利用好自己的时间，从头再来。这是采取第一步简单行动的最好时机——现在就开始行动。

测试：你是实干家还是梦想家

1. 你喜欢过忙忙碌碌的日子吗？

2. 如果上班遇到交通堵塞，使你不能按时到达办公室，你会感到心烦意乱吗（假定公司对迟到的员工不会采取任何惩罚措施）？

3. 你一直在换工作吗？

4. 你无法忍受闲着没事情干的情况吗？

5. 你每天一刻也不闲着而事情却做不完吗？

6. 乘电梯的人太多，你宁愿爬楼梯到 120 楼的办公室吗？

7. 别人曾抱怨你走路过快或做事过于迅速吗？

8. 即使在周末或假期你也早起吗？

9. 由于喜欢尝试新事物，所以你总是对新推出的工作计划和安排特别关心和热衷？

10. 你总是花大量的时间思考、分析某件事情吗？

11. 你曾经臆想"人究竟来自何处"和"到底是鸡生蛋还是蛋生鸡"这样类似的问题吗？

12. 你喜欢从事具体的工作，不愿意花时间去制定各项工作计划吗？

13. 在同样的时间和条件下，你比别人完成较多的事情吗？

14. 你喜欢填字游戏吗？

15. 你愿意花时间参加博物馆和画廊吗？

16. 你希望在和别人聊天时都是言之有物、有实际意义的内容吗？

17. 你总是来去匆匆，习惯一次爬两节楼梯吗？

18. 你总是抱怨时间不够用吗？

19. 度假的时候，你喜欢刺激热闹胜过悠闲自在吗？

20. 一天无事可做，你会觉得无聊吗？

评分标准

第10、11、12题：是——0分，否——1分。其余各题：是——1分，否——0分。把各题所得的分数相加。

结果分析

如果你的分数是12~20分：你是个标准的实干家，凡事喜欢主动参与，不会光说不练，尤其喜欢过忙忙碌碌的日子。你不喜欢悠闲的生活，计划永远排得满满的，任何事情对于你来说，无论是过程还是结果都会让你有充实感和成就感。但是，也要注意劳逸结合。

如果你的分数在6~11分：你是个介于实干家与梦想家之间的人。你喜欢过得忙碌，既能付诸行动，也能静下心来思考。因此，像你这样的人，更容易适应各种环境，也能享受生活。

如果得分低于5分：你是个标准的梦想家，只说不练。你宁愿一个人抱着一本书看或任思维四处遨游。虽然你也喜欢有人做伴，和人聊天，但是你也很懂得如何娱乐自己，享受独处的乐趣。

第三节 战胜挫折，让自己更自信

挫折就像一块石头，让你却步不前；而对于强者来说，挫折却是垫脚石，使你站得更高。

失败只是暂时停止成功

要检验一个人的品格，最好的方法就是看他失败以后如何行动。失败以后，能否激发他更多的策略与新的智慧？能否激发他潜在的力量？失败是增强了他的决断力，还是使他心灰意冷呢？

凡是有所成就的人都是能够在跌倒之处爬起来，从失败中寻求胜利的。爱默生说："伟大高贵的人物最明显的标志，就是他坚强的意志，不管外界发生怎样的变化，他的初衷与希望，仍然不会有丝毫的改变，终究能够克服一切障碍，达到成功的彼岸。"

失败了并不可怕，失败之后不能振作起来才是最可怕的，因为那不仅是一件事情的失败，而是精神上的失败。自信的人却从来不会被失败击倒，从哪里跌倒就从哪里爬起来，因为他们相信自己，相信人生没有永远的失败，失败只是暂时的停止成功。

10年前，23岁的罗琳还是英格兰西部埃克斯特尔大学法语系的一位女大学生，她是一个天真烂漫充满幻想的年轻女郎。跟同龄的女孩子们所不同的是，罗琳酷爱写作，并且写的全都是童话传奇之类的东西，因此同学们给她起了一些诸如"幻想皇后"、"儿童文学狂"之类的带有挖苦讽刺意味的绰号。面对同学们的挖苦与嘲笑，罗琳仍然坚持着自己的写作，因为还有她的男友支持她。后来，连她的男友也不能忍受她的幻想，他认为罗琳"整天想着童话，总是长不大"而离她而去。男友的离去给罗琳极大的打击，但她并没有放弃心中的幻想与童话。

毕业之后，仍是满脑子梦想的罗琳背着简单的行囊出发，目的地就是她心目中充满浪漫色彩的葡萄牙。刚开始一切都很顺利，她找到一份称心如意的教授英语的工作，还收获了爱情。罗琳在一次带学生们到海滩游玩时遇到了葡萄牙青年记者乔治，他们正如英国古典小说中描写的那样，才华横溢、风流倜傥的乔治与金发碧眼的罗琳一见钟情，两个热情奔放的青年深陷爱河无法自拔。很快他们就结婚了，一年后，他们的爱情结晶杰茜卡出生了，但他们的爱情却走到了尽头，因为乔治无法忍受罗琳在婚后仍然满脑子的幻想与童话。

屋漏偏逢连夜雨，祸不单行的罗琳很快又遭遇了一记重击——她失业了。转眼之间，甜蜜的爱情、美满的婚姻和理想的工作像梦一样，梦醒之后一无所有。居无定所，身无分文，还要抚养嗷嗷待哺的女儿，一文不名的罗琳在1993年的圣诞节，冒着漫天大雪去姐姐家"蹭饭"。在背着女儿去姐姐家的路上，她真希望爱丁堡只是一个小镇，因为那样她就可以省下许多车钱。

但是，爱情、婚姻和事业的失败完全没有打击罗琳写作的积极性。她一直靠着救济金维持着自己和女儿的生活，为了每周70美元的工资，她冒着失去救济金的危险偷偷地工作。在如此艰难的境况下，罗琳没有停下手中的笔，就在她最穷困潦倒的时候，依然坚持写作。为了省钱省电，她经常泡在咖啡馆里写上一天。第一本写给孩子看的童话书完稿时，罗琳向出版社推荐该书时，遭到了英国所有大出版商的拒绝，得到的答复往往是诸如"对孩子来说故事太长"之类的推辞。最后，英国的一个出版商——英国学者出版社出版了她的第一本书，答应付给她一小部分预付款，并把作品发表出来。没想到第一本书一上市就畅销得令人吃惊，那本书就是《哈利·波特》。2001年7月9日出版的第六集，第一天就发行了500万册。罗琳的《哈利·波特》已经被翻译成35种语言在115个国家和地区发行。乔安娜·罗琳也成为当今世界上最畅销小说的作者之一，身价超过5亿英镑！

罗琳面临人生的各种失败，始终不曾放弃儿童文学的创作，终于成为世界上最为畅销的小说家之一。她的经历让我们懂得一个道理：失败只是暂时停止成功，失败只是一种态度，而不是人生的结果。

现在，请你做个决定，允诺自己今后绝不再自暴自弃，也不要在失败面前自怜自哀。这并不是要你故意无视所面对的困难，而是要你知道失败并不可怕，除非你接受失败，并且把它看成是不可改变的现实而停止努力，否则失败永远不能把你击倒。

你要相信，纵使事情的发展有多困难，你会经历很多失败，但你要相信自己具有战胜困难、扭转乾坤的能力。在人的一生中，每个人都难免会碰上麻烦、问题、挫折或失望，关键看你怎样面对。你怎样去面对，就注定你会拥有什么样的人生。

失败是对一个人人格的考验，是对一个人的信心的考验，在一个人除了自己的生命以外，一切都失去的情况下，潜在的力量到底还有多少？失败之后没有勇气继续奋斗的人，自认为失败的人，那么他所有的能力都会消失。只有毫不畏惧、勇往直前、永不放弃信念和理想的人，才会取得伟大的成就。

也有人这样说，已经失败多次了，所以再努力也是徒劳无功。具有这种想法的人就是自暴自弃。詹姆士是一个发明家，他想发明一种新产品，它可以改善许多家庭主妇的生活质量，大量缩短她们做家务的时间。5 年中经历了 5000 多次的失败，才有个大致的模型，但它仍不能引起家庭主妇的兴趣。对着一次又一次的失败，詹姆士仍然保留着自己的梦想。最终，在付出 10 年的艰辛努力后，詹姆士最终发明了世界最为畅销的家用产品——吸尘器。

我们都应该记住这句话：上帝每当关闭一扇门的时候，就会开启另外一扇窗。请你不要忘记，世界上根本没有失败这回事，如果你的尝试没有效果，那就好好从中吸取经验，继续前进。如果你有信心把要做的事情做得更好，那就得从失败中学习，因为失败是迈向成功之路的垫脚石。

现在你该明白为什么面对难以逾越的困难，乔安娜·罗琳、詹姆士仍能继续前进的原因了吧，那就是抱着不屈不挠的无畏精神，奋力前行，相信失败只是暂时停止成功。

英国前首相温斯顿·丘吉尔说："如果你将要穿越地狱，那么请继续前进。"面对生活，面对他人，无论是处于怎样的逆境中，你都要有豁达、乐观的精神，不要停止行动，因为穿过黑暗的地狱之后就是天堂。

在一些原始部落中，萨满人只有在战斗受伤并痊愈之后被认为是智慧与魔力的象征。人们坚信人生的大智慧来自于萨满人的伤口。这与自然界的智慧是相通的。智慧本来就是由身体上的伤疤凝结而成的，即使那些伤疤会造成你肌体上的深层伤害。然而，生活中的大多数人却把失败作为放弃的理由，将每一次困境都看作是不再继续前进的又一个借口。

很多人说过这样的话："我试着戒烟，可惜根本没有效果。"是否他们一天都戒不了呢？他们通常都这样回答："我戒了几个月，但之后又开始吸烟。戒烟没有效果我也感到很遗憾。"

没有效果是什么意思？只要你能坚持一天，当然就有效果！如果可以戒掉一个月，你同样可以戒掉 2 个月，3 个月，或许 6 个月，1 年，甚至永远。但是如果你中途让自己停下来，戒烟就不会成功。

你能想象当你还是蹒跚学步的婴儿时，父母是怎样对待你的吗？每次你跌倒的时候，父母是让你放弃吗？父母对你说："哦，好了，孩子，我想你永远都学不会走路了。"肯定不是这样的，无论摔倒多少次，父母都会让你再站起来，继续往前走。

现在，请你开始回顾一下，想想你生命中让你感到失败的事情，重新判断一下你真的"失败"了吗？

请你记住，失败只是暂时停止成功，只是事情暂时没有朝着你预料中的方向发展。生活中的智者，成功人士只是把别人眼中的失败看成是一次短暂的挫折，他们十分乐于寻找新的方式迎接挑战，并打开通往成功之路的大门，他们相信自己，相信人生中没有永远的失败。

和你一样，事情并非如他们预料中的那样一帆风顺，但是，在他们面对挫折的时候，他们会问自己这样的问题：

这个问题有什么特殊性？

我该怎么利用自己的优势克服这个问题？

为了最后的成功，我需要做什么？

最后，请你谨记，不管你的人生环境发生了怎样的变化，你都要明白这样的道理：过去不等于未来，人生没有永远的失败，只是暂时停止成功。失败是一种态度，不是结果，一个人即使已经丧失了他所拥有的一切，只要他依然有着不可屈服的意志，有着坚忍不拔的精神，他就不是一个失败者，他就会有成功的一天。

笑对挫折，坚持到底

我们常常觉得面对挫折是一件相当难的事情，其实真正的困难是我们不能正确地面对挫折，我们内心有着一种拒绝挫折的本能，我们害怕它，拒绝接受它。这样的心态比挫折本身更可怕。

挫折需要我们包容，需要我们的微笑，如果我们能真诚地品味挫折，微笑着面对挫折，挫折就能给我们前进的力量，让我们有坚持到底的勇气。只有在挫折中坚持下去的人才能战胜挫折，战胜挫折之后他便会更加相信自己！在以后遇到挫折的时候就不会轻易放弃，因为他相信自己，于是他就能够笑对遇到的任何挫折，就会更加有信心克服挫折。

有个人从小生活在穷困的家庭里，他的爸爸不仅不努力工作，养家糊口，反而嗜酒如命，每次喝完酒就把他打得遍体鳞伤，他的妈妈患有先天性精神病。从小就生活在这样的家庭里，他失去了原本应该属于一个儿童的幸福生活。

虽然没有父亲的疼爱，没有幸福的童年，但这一切并没有让他失去对未来美好生活的憧憬。他在很小的时候，就有一个伟大的理想，立志成为一位著名的演员。也许就是这样一种动力支撑着他度过了苦难的童年生活。成年后，他在瑞士的美国学院学习表演，他在学生创作的《推销员之死》中的表演大获好评，这更加坚定了他的追求。

他回到美国之后进入了迈阿密大学戏剧系，但不幸的是当时没有一个老师赏识他。他没有修完课程就退学了，前往纽约寻求发展。他开始创作剧本，他靠做各种各样的工作来付房租。他每天除了打工，写剧本外，只要有上镜的机会就不放过。虽然都是饰演群众演员或替身，但他非常珍惜这些机会。正当他写剧本的时候，碰巧看到一场拳王阿里和一个小拳手的比赛。小拳手居然与阿里苦苦斗了 15 个回合。这给他灵感，他用 3 天就完成了一个剧本——《拳手洛基的传奇故事》。完成剧本之后，他每天都在寻找制片商，可都是带着希望而去，满怀失望而归。可他从来没有放弃过，终于有一天一位制片商被他的精神所感动，同意用他的剧本并让他担任男一号。《洛基》仅用了一个月就完成了。他就是利用这一次机会，一举成名，这匹 1976 年的黑马一举赚得两亿两千五百万美元，并赢得了当年的奥斯卡最佳影片和最佳导演奖，他本人也获得最佳男主角的提名。他就是后来闻名于世的著名电影演员——史泰龙。

人生的各种挫折并没有使史泰龙放弃自己的追求与理想，由于他的顽强，由于他在挫折面前不折不挠的精神，他成功了。成功本就是无数次的拒绝和失败的结晶，机会对每个人都很公平，就看你在遇到挫折时能否坚持下去，在遇到挫折时能否相信自己，给自己一次机会。如果你在失败无数次之后还有勇气和耐心坚持下去，终会有成功的一天。伟人与普通人也没有什么区别，关键在于他们能够在追求梦想的道路上相信自己终能成功，永远给自己机会。相信只要坚持，总能找到希望。

当你羡慕那些伟人取得的成就时，你可曾知道他们成功背后的艰辛。正如冰心老人的一首诗中所说的："成功的花儿，人们只惊慕她现时的明艳，而当初它的芽儿却浸透了奋斗的泪水，洒遍了牺牲的血雨。"《钢铁是怎样炼成的》的作者奥斯特洛夫斯基也曾说过："人的生命如洪水奔腾，如果不遇到岛屿和暗礁，就难以激起美丽的浪花。"这些都告诉我们，在追求成功的路上难免会遇到挫折，这时候我们一定要笑对挫折，坚持下去。挫折有大有小，但有一点是可以肯定的，任何挫折，只要坚持下去，只有你始终相信自己，你都可以战胜它。

挫折本身并不可怕，可怕的是在挫折面前，我们失去了自我，失去了自信，失去了与困难继续做斗争的勇气。挫折，在弱者面前是一座大山，不可逾越；在强者面前只是一块垫脚石，阻挡不住他前进的脚步。所以，要正视挫折，笑对挫折，这才是一个自信的成功者。

　　伟大的哲学家黑格尔曾经说过：在成长的道路上，如果你不懂得某个道理，生活就会安排一次挫折，让你学习；如果你还是不明白，生活就会再为你安排一次挫折，直至你明白为止。在成功之前，上帝会告诉你为什么你还没有成功，你还需要在哪些方面做出改进。但上帝不会直接告诉你错在哪里，他会派一个使者告诉你这个使者就是挫折。这个使者开始让你害怕，让你痛苦，但只要你敞开胸怀接纳它，就能接受到它传递给你的成功秘诀，它会给你带来丰厚的回馈。如果你不是一个自信的人，你总是本能地排斥挫折，那么你永远不会找到自己失败的真正原因。

　　如果你正面临着挫折，首先给它一个灿烂的笑容，再给它一个热烈的拥抱，然后坚持下去，它会给你丰厚的回馈，会给你的人生带来创造性的变化。因为挫折是一个人生命中的里程碑。请看一下南非女作家内丁·戈迪默是如何在挫折面前相信自己一定能成功，并笑对挫折，在挫折中坚持下去，最终取得了非凡的成就的。

　　15岁时，她的第一篇小说在当地一家文学杂志上发表了。然而，不认识她的人，谁也不知道小说竟出自一位少女之手。几年以后，戈迪默的第一部长篇小说《说谎的日子》，轰动了当时的文坛。之后，她相继写出了10部长篇小说和200篇短篇小说。在创作的黄金季节里，戈迪默更加勤奋刻苦。她说："我要用心血浸泡笔端，讴歌黑人生活。"她的满腔热忱很快就得到了回报，她的《对体面的追求》一书刚出版，立即成为轰动之作，受到了瑞典文学院的注意。瑞典文学院几次将她提名为诺贝尔文学奖的候选人，但每次都因种种原因而未能如愿以偿。面对打击，她没有失望，而是在自己的著作扉页上，庄重地写下："内丁·戈迪默获诺贝尔文学奖"，然后在括号内写上"失败"两字。生活中的挫折并没有影响到她对事业的追求，她一刻也没有放松过文学创作。她的坚持，她的不懈努力，让她从荆棘中开辟出一条成功的道路，她终于在1991年获得诺贝尔文学奖。

　　挫折总会为自信的人让路，请给挫折一个微笑，它就会给你战胜困难的强大意志。以锲而不舍的精神，坚持到底，就能获取挫折给予你的奖赏，内丁·戈迪默就是依靠这种精神最终获得了诺贝尔文学奖。正如《世界上最伟大的推销员》中说的那样："生命的奖赏远在旅途终点，而非起点附近。

我不知道要走多少步才能达到目标，踏上第一千步的时候，仍然可能遭到失败，但成功就藏在拐角后面，除非拐了弯，我永远不知道还有多远。"如果戈迪默在挫折面前丧失了斗志，丧失了信心，她恐怕真的就与诺贝尔奖绝缘了。但她选择了坚持，选择了相信自我，因此，她成功了。

你面对挫折的时候，也一定要鼓励自己坚持下去，因为每一次的失败会增加下一次成功的机会，挫折是对成功的最好的祝福。只要你有重新开始的魄力，你就还可以创造一切，你就还可以走向成功。1914年 12 月一个夜晚，一场大火烧毁了爱迪生数百美元的实验室，第二天，他站在废墟上，轻叹一声说："看来，灾难也能给人带来价值，我们所有的错误都被烧毁了，我们现在又可以重新开始了。"这是何等的豁达，何等的勇敢。眼看着自己的心血化为废墟，只是轻轻一叹气，马上从头开始。你能做到吗？

如果遭遇挫折之后，放大痛苦，长期沉迷于痛苦的失意中，我们就会沉溺其中不能自拔，在唉声叹气中耗尽自己的生命。相反，在遭遇挫折之后，如果我们能让积极进取代替消极沉沦，让振作奋进代替失意，不要因为人生的一次挫折而放弃对未来的美好追求，我们就能领略到清风、明月的美丽和最终胜利的喜悦！

为了让你更好地面对，我们进行这样一个练习：运用你的发散性思维，给出尽可能多的结果。想想挫折能给你带来什么好处？

1. 挫折可以让我换了角度思考问题。
2. 挫折可以让我在重新认识自己。
3. 挫折可以让我在一段时间内停止行动，得到休息。
4. ……
5. ……

比如，你被公司裁员了，你是否会想到"我能找到更合适的工作，我能够提高和充实自己"。你的妻子总是批评你，你是否认为"她一定很在乎我，想让我知道她心里的想法"。如果你也能这么想，说明你的心态已经转换到了一个比较平静的状态。

这是训练创造思维的多样性的一个练习，现在就开始做吧。想想发生在身上的"糟糕"的事情，现在，至少想出 5 种方式，可以让你积极地去看待这件事情。慢慢地你会发现，挫折再也不是生活中不可逾越的鸿沟，也不是什么难题，因为你总有办法解决它，慢慢地你就会发现，自己越来越自信了。

只有绝望的人，没有绝望的处境

心理学家做过这样一个实验：把一只小白鼠放到一个装满水的水池中心，虽然这个水池很大，但它依然在小白鼠游泳能力可及的范围之内。小白鼠落入水中之后，并没有马上开始向池边游去，而是在水中转圈，发出"吱吱"的叫声。小白鼠是在测定方位，它的鼠须就是一个精确的方位探测器。当它的叫声传到水池边沿时，声波被反射回来，它的鼠须就可以探测到。小白鼠借此来判定水池的大小，以确定自己所处的位置，以及水池边沿的距离。小白鼠尖叫着转了几圈之后，选定了一个方向，然后不慌不忙地朝着那个方向游去，很快就游到了岸边。

实验至此，还没有结束，心理学家又将另外一只小白鼠放到水池中心，唯一不同的是，这只小白鼠的探测器——胡须被剪掉了。小白鼠同样在水中转着圈子，发出"吱吱"的叫声，由于失去了"探测器"，它探测不到反射回来的声波。几分钟后，筋疲力尽的小白鼠就开始往水池的底部下沉，最后被淹死了。

心理学家是这样解释第二只小白鼠的死亡：鼠须被剪，小白鼠无法准确测定方位，看不到其实自己完全可以游过去的水池边沿，因此，它停止了努力，自行结束了生命。

心理学家最后得出的结论是：在生命彻底无望时，动物们往往强行结束自己的生命，这在心理学上叫"意念自杀"。被剪掉鼠须的小白鼠丧生于水池，但它不是被水淹死的，而是被那"无论如何也游不出"的意念淹死的。小白鼠对它所处的环境已经绝望了，所以就选择了死亡。不可否认，这样的悲剧不仅发生在小白鼠和其他动物身上，也不同程度地发生人的身上。

人生路上，每个人都会遇到小白鼠所遭遇的"水池"，就是所谓的逆境、困境，甚至厄运，有些人在这个时候，就会像那只被剪掉鼠须的小白鼠一样，无限地夸大自己所遭遇到的逆境，认为横亘在眼前的是无论如何也游不过去的海洋。对处境感到无比绝望的他们，放弃了最后一搏的信念，松开了不该松开的手，最后被淹死在很浅很近根本就不足以伤害到自己的"水池"里。

从小白鼠的实验中我们可以得出这样一个结论：这个世界上没有绝望的处境，只有对处境绝望的人。无论在怎样的逆境中，只有你相信自己，你就有战胜逆境的希望。美国曾爆发了一场风暴，好多人都为此丧失了生命。其中就有莱克家庭中的成员。当救援人员把他们拉出废墟时，从他们那黯淡的眼神中可以看出他们已经绝望了。救援队找了很久，唯独不见这个家庭中才 12 岁的孩子。几天后，人们在一个山洞中发现了他。当有人问他是怎么活下来的时候，他说："我当时只想活下来。"简单的一句话震惊了所有在场人！"我只想活下来！"这是对生命的渴望，正是这种活下去的信念支撑着他，使他没有绝望。而莱克家庭中那些死去的人，无不是因为他们已经绝望了。而活下来的，只因为他还怀有一线希望！因为他相信自己能够活下去！

做一个生活在社会中的人，通常并不能随心所欲地选择自己期望的环境，因此常常会遇到阻碍自己事业、生活等顺利发展的各种限制。甚至，有些限制还会让人跌入山重水复疑无路的绝境之中。实际上，这些"绝境"只是暂时的，往往在最无望的时候，蕴藏着扭转乾坤的契机。但是，并非每个人都能抓住这个绝处逢生的希望，因为很多人都不相信自己，在中途就放弃了。

在最危急的时刻，一个人如果不相信自己，对自己绝望了，那他又怎么可能有战胜困难的信念与勇气？所以，无论身处怎样的逆境中，我们都不应该轻言放弃，因为，虽然身处绝境，还有生的希望，而一个对处境感到绝望的人，是任何人都救不了他的。台湾作家柏杨说过："人活于世，原本就是苦多于乐，每个人都在成功、失败、欢乐、忧伤中反反复复，只要心中抱持爱、信念与理想，挫折反而是能促使人向上的动力，甚至成为一种救赎的力量。"

　　普拉格曼是美国当代著名的小说家，他甚至连高中都没有读完。在他的长篇小说授奖典礼上，有位记者问道："你事业成功最关键的转折点是什么？"很多人估计，他可能会回答是童年时期母亲的教育，或是少年时某个老师的指引。然而，出人意料的是，普拉格曼毫不犹豫而又自豪地说，是第二次世界大战期间在海军服役的那段生活，那是他认识信念的伟大力量的开端。

　　1944 年 8 月的一天午夜。两天前他在一场战役中受了伤，双腿不能行走。为了挽救他的生命和双腿，舰长下令由一位海军下士驾一艘小船趁着夜色把身负重伤的他送到岸上治疗。不幸的是，小船在那不勒斯海迷失了方向。那位掌舵的下士惊慌失措，认为他们处在此种情况下已经没有任何存活下去的可能，他甚至想拔枪自杀。千钧一发之际，普拉格曼认识到事情的严重性。此时的他已经没有驾船的能力，他们是否能够逃过这次劫难全靠这名海军下士。如果他放弃了活下去的希望，等待他的也只有死亡。普拉格曼清楚地知道要想拯救这名下士，让他摆脱绝望，只有重新燃起他的信心与希望。于是，普拉格曼镇定自若地劝他说："你别开枪。在这种时刻，如果连我们自己都轻易放弃生存下去的机会，那没有人能救我们了。越是在这样的时刻，我们越要耐心，有信心。现在我有一种预感，虽然我们在危机四伏的黑暗中漂荡了 4 个多小时，孤立无援，而且我还在淌血……但我们离成功已经不远了。"几句话、几秒钟，普拉格曼以他的信心感染了那名下士，使他从绝望中走了出来，他准备放手一搏。普拉格曼已经意识到下士重燃的信心在某种意义上已经使他们战胜了厄运。过了不久，突然前方岸上射向敌机的高射炮的爆炸火光闪亮了起来，那时他们才发现，原来他们的小船离码头还不到 3 海里。他们抱在一起庆祝，因为他们走出了困境，他们活下来了。

　　普拉格曼说：那夜的经历一直留在我的心中，这个戏剧性的事件使我认识到，生活中有许多人认为是不可能的、不可更改的、不可逆转的、不可实现的境况，其实大多数时候，这只是一种错觉，是我们先对所处的环境绝望了，才让绝望的心态把我们的生命限制了。一个人应该永远对生活充满信心，永不失望，永不绝望。即使在最黑暗最危险的时候，也不应该绝望，也不要放弃最后一搏。有太阳的地方就有光明，有希望的地方就有可能。

第二次世界大战后，普拉格曼立志成为一个作家。开始的时候，他接到过无数次的退稿，很多熟悉的人都说他没有这方面的天分。但每当普拉格曼想要放弃的时候，他就想起那富有戏剧性的一晚，他就来了劲。不管他接到多少次的退稿，他始终没有失去信心，没有绝望，所以他成功了，终于有了后来炫目的灿烂和辉煌。

做人有九死一生，做事往往遭遇九次失败才有一次成功。不管处在怎样的绝境中，都不要失去信心，都不要绝望。生活在黑暗中而不被黑暗所侵蚀，相信命运而不被命运所主宰。永远不向绝境低头，不要让悲观和绝望窒息我们的心灵。

尽快从挫折中恢复

虽说挫折是对成功的最好祝福，失败是成功之母，但有很多人却是在遇到 99 次挫折之后还是受挫，在失败了 101 次之后还是失败，要让挫折转变为成功的"使者"，让失败成为成功之母，就必须拥有强大的恢复力——从挫折中尽快恢复过来。自信的人很快就能从挫折中恢复过来，而缺乏自信的人却很难再站立起来。

人生谁无挫折，人生谁无失败，只要那些善于从挫折与失败中迅速恢复的人才能拥抱成功。法国微生物学家、化学家，近代微生物学的奠基人路易斯·巴斯德说："让我来告诉你成功的秘诀：我的力量来自于我的坚韧。"对一个真正成功的人来说，坚韧甚至比力量与激情更为重要。由此可见，学会从挫折中恢复是一个通向成功之路必须具备的能力——恢复力。

人们该如何应付一次又一次的挫折，并且从挫折中恢复的时候不影响到个人的自信力呢？这时需要做好以下 3 件事情：

第一，及时处理不良情绪；

第二，平衡心理；

第三，忘却挫折带给自己的伤害。

一个人在遇到挫折之后，首先需要处理的就是不良情绪。挫折所引发的情绪体验首先是愤怒。有的人会把愤怒的情绪发泄在阻碍目标达成的人或事物上；有些人则在找不到阻碍目标达成的人或物时，把愤怒情绪发泄到不相关的事物上。更多的人容易把愤怒指向自身，尤其是把挫折归因于自身的时候，常常会抱怨自己无能，自己瞧不起自己，消沉失望。屡受挫折的人，容易变得冷漠，失去喜怒哀乐，对一切都无动于衷，对什么都无所谓。

有些人会把自己封闭起来，不出门，不做任何事，也不说话。这看起来是一种很安全的方式，其实他心里的不良情绪并没有释放出来，是在慢慢地伤害自己。这是不可取的做法，受挫后的不良情绪要用正确的途径释放出来，既不能用伤害自己的方式也不应该用伤害他人的方式。你可以找要好的朋友或父母倾诉，如果你实在不愿意对人倾诉，你可以独自一个在无人的地方大喊，或以写信的方式把你的情感发泄出来。你还可以通过身体语言来发泄，如去跑步，去踢足球，把脚下的跑道、足球当成替罪羊，心里的不快就一点点发泄出来了。发泄的方法多种多样，但不管怎样，害人害己的方式一定不能用，那是最拙劣的发泄方式。对人对己都无害的，可以采用。不仅无害，反而是有益的，应该多用。《少年维特之烦恼》就是歌德在失恋后创作的。他把不良情绪转为了优秀的文学作品，真是一举两得的好事。

不良情绪发泄出来后，整个人虽然安静下来，但心理还会处于失衡的状态——孜孜以求的目标近在眼前，忽然之间变得遥不可及，就会很不平衡，觉得自己一切都是白忙了。让失去平衡的心理恢复平衡很重要。这个时候就需要想自己因为这次挫折得到了什么，失去了什么，失去之后自己还拥有些什么？不要忘记，有所失，必会有所得。"塞翁失马，焉知非福"说明的就是这样一个道理。当你得到一样东西的时候，你失去了所有其他的可能。当你失去了一样东西的时候，你还可以从其他所有的可能中选择。

当年李维斯像很多美国年轻人一样去西部淘金，一条大河拦住了去路。很多人抱怨不已，有的退缩了，有的绕道继续走。看到这么多人为过不了河而发愁之后，李维斯做起了摆渡生意，他人生的第一桶金是因大河挡道而获得。后来河上架起了桥梁，没有人需要渡船了，李维斯继续前往西部，到达之后却发现到处都是淘金的人。他买了一块地方开始淘金，不久，就被几个恶汉霸占。李维斯只好离开。他抓住了西部淘金人多水少的特点，做起了卖水生意。当那些恶霸看到卖水如此赚钱时，又把李维斯赶了出来，抢走了他的生意。李维斯强行让自己振作起来，开始想别的办法。由于整日不停地劳作，西部人的裤子很容易就磨破了，相信"天无绝人之路"的李维斯把被西部人废弃丢掉的旧帐篷收集起来，洗干净，利用它们做出了世界上第一条牛仔裤，李维斯由此走上了通往"牛仔裤大王"的道路。

李维斯的成功告诉我们，挫折并非只会令人失去，挫折同样也可以让我们得到一些，如果你能正视它，甚至还能在挫折中收获丰厚的果实。

所以，在遇到挫折之后，要仔细想一想，我能从中得到些什么？如果你找工作失利之后，你可以对自己说，我还可以创业。现在国家鼓励个人创业，也为个人创业提供了良好的环境与优惠政策，说不定今天的你就是明天的企业家。如果你没有追求到自己喜欢的女孩，你就对自己说，我还会遇到更适合我的，大千世界，总会有一个适合我的人生伴侣。"失之东隅，收之桑榆"也不是不可能，关键是你要用自己的努力来证明你行。

也有很多人在遇到挫折之后，总是无法忘却，当再次遇到阻碍时，他们通常会回忆起过去类似的失败，并不断地在脑海中回忆起这些失败的场景。

不断地回忆过去的失败当然会再次造成失败，因为你总是把自己往一条失败的路上引导。记住糟糕的事情并从中吸取教训，这样很好，但是，如果你一味沉浸在失败的回忆中，那些失败的经历会成为你通往成功路上的绊脚石，阻碍你前进的步伐。所以，经历过挫折和失败的人需要很快从挑战与挫折中恢复过来，不仅要释放自己的情绪，平衡自己的心态，还要学会忘却挫折带给自己的伤害。

以下便是一个巧妙的方法，你可以利用它将任何痛苦经历中的消极影响一扫而光，让自己变得比以前更加强大……

第一步，设想自己坐在电影院中，不远处有一个小屏幕。在屏幕中用黑白影片记录下来你认为对你的将来有所影响的过去的那些错误或失败经历；

第二步，用倒叙的方式看这部回忆片，然后把它当作发生在别人身上的故事。

注意要点：让屏幕变小，并且让放映的速度越来越快，直到你看不清楚屏幕上的内容，这样多放映几遍，直至想起这件事情将不会给你带来任何压力。

第三步，接着让屏幕再大些，放映一段关于你将来取得成功的彩色片段。

注意要点：让这个片段再大些，画面更美些，色彩更艳丽些，给它配上逼真的声音。

第四步，走入这个片段，感受已经成功的你，那时的你会有什么样的表现？会怎样对待生活中的挫折？感受你的自信、动力与成功，想象一切事情都是会如你所愿，按照你设计好的步骤向前走。

测试：你对挫折的承受能力

1. 当你遇到令人忧虑的事情时，你会怎样？

A. 无法继续再做下去；

B. 对我没有任何影响；

C. 介于以上两者之间。

2. 当你遇到与你不分上下的竞争对手时，你会怎样？

A. 怎样想就怎样做，不控制自己的情绪；

B. 冷静面对，克制自己的情绪；

C. 介于以上两者之间。

3. 当你遇到失意的事情时，你会怎样？

A. 放弃；

B. 从这件事情中吸取教训，从头再来；

C. 介于以上两者之间。

4. 当你事业进展不顺利的时候，你会怎样？

A. 一直很担心，不能集中精神做别的事情；

B. 仔细考虑问题的症结所在，努力解决问题；

C. 介于以上两者之间。

5. 做了太多事情感到很疲惫时，你会怎样？

A. 没有办法再思考，也不能完成余下的；

B. 坚持干完；

C. 介于以上两者之间。

6. 自己所处的环境和居住条件很差时，你会怎样？

A. 因为条件太差而放弃；

B. 克服困难，想办法改进现状；

C. 介于以上两者之间。

7. 你正处于人生的低谷，你会怎样？

A. 毫不在乎，破罐破摔，听之任之；

B. 积极奋斗，争取早日走出低谷；

C. 介于以上两者之间。

8. 遇到难以解决的棘手问题时，你会怎样？

A. 垂头丧气，灰心失望；

B. 尽自己最大的努力将它做好，自己没有解决，不是因为没尽力，而是问题太难了；

C. 介于以上两者之间。

9. 遇到自己不想做的事情时，你会怎样？

A. 拒绝接受，不去做；

B. 虽然不想做，还是会想办法把它做好；

C. 介于以上两者之间。

10. 遇到人生的重大挫折时，你会怎样？

A. 彻底丧失信心，一蹶不振；

B. 坚持不懈，再接再厉，相信终有成功的一天；

C. 介于以上两者之间。

评分标准

选 A 不加分；选 B 加 2 分；选 C 加 1 分。

结果分析

0~9 分：你不能承受任何挫折的打击，遇到小小的挫折就不知所措，灰心失望。你应该多参加一些锻炼意志和承受力的活动，比如，体育运动、各种比赛。多读一些成功学大师的励志类书籍，学习在失败中不断提高自己的承受挫折的能力。有意识地结交一些意志坚强、乐观积极的朋友，他们会在你遇到挫折时给予你适当的建议和鼓励。当然，还可找心理医生，针对个人的具体情况提出相应的改进方案。

10~16 分：你对某些挫折打击有一定的承受力，但面对有些挫折时仍然会表现得很脆弱，不能承受这些挫折给予你的打击。建议你在遇到挫折的时候，多往积极有利的方面想一想，遇到挫折在冷静分析之后再做决定，思考为何遇到挫折，自己能否解决，或是有哪些方面还可以改进，不要因为一时的困难就轻易放弃。

17 分以上：你是一个意志足够坚强的人，对于挫折打击有很强的承受能力。

第**3**章

建立和提升自信的三个法则

　　人生最大的敌人就是自己，建立自信的过程就是一场和自己战斗的过程。战胜自卑的自我，让我们昂首挺胸，笑对人生；战胜惊恐的自我，让我们勇往直前，直面人生的艰难与挫折。真正的人生应该是挺拔向上的，自卑畏缩的人生如同走马观花，精彩的永远是别人的人生。

第一节 自卑，再见

拿破仑说："默认自己无能，无疑是给失败创造机会。"人一定要摆脱自卑，不能让心中的隐形批评打败你自己。无论在什么样的境况下，我们都要相信自己，没有谁比我们自己更能决定我们的命运。

自卑，成功的阻力

自卑，就是一种消极的自我评价和自我意识，自己瞧不起自己，总是拿自己的弱点与别人的长处去比较，总觉得自己不如人，在人面前自惭形秽，从而丧失信心，悲观失望。自卑使人变得十分敏感，经不起任何刺激。

每个人的潜意识里都存在着自卑感，就连那些很成功的大人物（如美国的小罗斯福总统）也不例外。美国斯坦福大学的心理学家通过对 1 万多人的抽样调查结果进行研究发现，有 40% 的人有不同程度的害羞心理，并且男女比例基本持平。这说明，害怕、自卑心理不同程度地存在于每个人身上，人们的潜意识里都存在着自卑感，自卑使人产生对优越的渴望。

既然人人都有或多或少的自卑意识，如何看待自卑就十分重要了。有些人感到自卑的时候，他们能够自觉地激励自己发奋图强，克服自身的缺点和不足，积极发挥自己的主动性，获得成功，成功之后，他们的自信力就会增强。

相反，如果对自卑不能正确认识，处理不好，自卑就很容易销蚀人的斗志，就像一把潮湿的稻草，再也燃烧不起自信的火花。而长期被自卑笼罩的人，就很难取得成功。

1951 年，英国女科学家富兰克林从自己拍得极为清晰的 DNA（脱氧核酸）的 X 射线衍射照片上，发现了 DNA 的螺旋结构，为此还专门举行了一场报告会。然而生性自卑多疑的富兰克林，总是怀疑自己论点的可靠性，后来竟然主动放弃了自己先前的假说。令富兰克林意外的是，就在两年之后，沃森和克里克也从照片上发现了 DNA 分子结构，并且提出了 DNA 的双螺旋结构的假说。这一假说标志着生物时代的开端，他们俩因此获得 1962 年的诺贝尔医学奖。

如果富兰克林是个对自己很有信心的人，相信自己的发现，坚持自己的假说，并继续进行深入的研究，那么这一具有里程碑意义的发现就将永远记在她的名下了。

从这位女科学家的身上可以看出，自卑具有强大的副作用，是成功的阻力。

为了能够更好地克服自卑，我们有必要先了解一些自卑心理的形成原因。产生自卑的原因是多种多样的，但主要的原因还是以下 4 种。

■ 第一，自我认识不足，过低估计自己

每个人都喜欢以他人为镜子来认识自己，人们总是根据他人的评价或是通过与自己周围的人的比较来认识自己。很多人都是让别人的嘴巴来掌握自己的命运，如果有人对自己做了较低的评价，特别是所谓的专家或权威人物的评价，就会极大地影响到他们对自己的认识，致使他们低估自己。尤其是性格内向的人，在与他人比较的过程中，总是拿自己的短处与别人的长处比，当然是越比越不如人，越比越泄气，于是就会产生深深的自卑感。

■ 第二，消极的自我暗示抑制了自信心

当人们面临一种新局面时，都会对自己做一个简单的自我衡量，自卑的人因为自我认识不足，常把"我不行"挂在嘴边。由于事先得到这样一种消极的自我暗示，就会产生心理负担，在处理问题的时候就会紧张，就不敢放开手脚去施展自己的才能，这样必然会影响到自己能力的发挥，自然不会取得良好的效果。这种结果无形中印证了他们心中"我不行"的想法，又会形成新一轮消极的反馈作用，这样下去，他们很容易就形成一种

固定的消极自我暗示，从而形成恶性循环，个人的自卑感将进一步加重。

■ 第三，挫折的影响

人们在遭受挫折后，有的人积极反抗，能够置之死地而后生，如果自己尽力还不行，也就坦然接受了自己无力改变的现实。有的人既不反抗，也不愿意接受这种现实，他们不停地埋怨自己，责怪自己，变得消极悲观，更加自卑。经不起挫折的人很敏感，也很脆弱，他们常常以消极防御的形式表现自己的自卑，如嫉妒、羞怯、猜疑、孤僻、自欺欺人、焦虑、不安等。

■ 第四，生理方面的瑕疵

有的人因为自己的酒糟鼻子或身材矮小而感到自卑；有的人因为自己有一口龅牙而不敢大胆展示自己的优美歌喉……这些生理方面的瑕疵对人们的心理方面会产生明显的影响。

了解到自卑心理产生的原因，也就明白了正确认识自卑的重要性。那么，我们该如何从认知的角度正确地对待自卑呢？

首先，我们要正确认识自己，正确认识自己的优点和缺点，正确对待自己的相貌。自卑感的产生来自我们对事实的结论和对经验的评价，而不是来自于事实。我们之所以觉得自己不如人，因为我们不是根据个人的实际情况，用自己的尺度来衡量自己，而是用某些人的标准来衡量自己，这样做当然会有低人一等的感觉。我们在心理上认为应该以某些人为标准，如果达不到那样的标准，就会得出这样一个结论：我没有价值，我不配拥有成功和快乐。不管我们自身某些方面有多高的水平，只要具备了这样的心理，就没有办法充分表现自己的才能与天赋。

很多自卑的人都认为"自己不如别人"。为什么要和"别人"比较呢？为什么非得和别人一样才算是成功呢？你作为一个独立的人，不必与别人一比高低，你是一个独一无二的人，无法变成别人，所以，也不要用别人的标准来要求自己。只有在自己身上发现独特之处，相信自己的个性与特性，你才会找到内心的安全感，才可以轻易地发挥自己的特性，真实地表现自我。

即便是我们在某些方面真的不如人，也没有必要自卑，以至于怀疑自己的价值。因为，有些东西不是我们的力量所能决定的，比如，先天遗传因素，有些人生下来就具有某方面的天赋，如莫扎特；优越的家庭环境、客观上的有利条件。

对于先天的遗传，我们没有什么可自卑的，因为这是由上天决定的，是我们所不能改变的。同样，生于什么样的环境也是我们无法选择的，环境不能改变，但我们可以通过自己的努力来适应环境，没有适合我们发展的机会，我们可以利用现有的环境制造机会。所以我们没有必要自卑，我们无法改变客观的东西，我们可以改变自己，通过自己的努力去改变自己能够改变的，对于自己无法改变的，就坦然接受。

其次，要学会自我激励，不仅是在口头上对自己说"你真棒"，还要从内心深处认可自己，赞美自己。德国有一所专门培养高级人才的学校，每天早上学员们都要跑到大街上，高声向行人大喊："我最伟大！我最成功！我最富有！我是最棒的！"引得路人纷纷驻足观看。刚开始时，他们自己也觉得非常滑稽，感觉自己像个小丑，但随着日子一天一天过去，他们发现，原来在他们的直觉深处，以前的自卑感和其他消极情绪早已荡然无存，留在他们脑海中的自我形象就是一个伟大、积极、富有的成功人士。

最后，要正确地认识挫折。挫折是对成功最好的祝福，挫折也是人生中一笔可贵的财富。人的一生中如果没有遭遇到挫折，那才是真的可悲。不要因为偶然的失败就否定自己，更不要因此而一蹶不振。没有人能不经历挫折就能随随便便成功。

自卑是成功的阻力，只有战胜自卑，我们才能达到成功的彼岸。战胜自卑的过程就是逐步战胜自我的过程。贝利作为现代足球界的王者，并不是从一开始就潇洒自信。当他要加入巴西最著名的桑托斯足球队时，竟然紧张得一夜睡不着觉。他总是这样想，那里的优秀球员太多了，到了那里，他们有可能会用他们优异的球技来衬托我的愚蠢，从而会嘲笑我，看不起我。可是到了第二天上场训练的时候，第一场球教练就让他打主力中锋。

刚上场时，他的双腿都不知往哪个方向跑了，但是渐渐地他发现了自己的长处，自己的球技十分好，即便是在大牌球星面前也可以拼一拼，于是，他有了自信。从此一上球场，他就这样对自己说："我是在踢球，不管对手是谁，球星也好，木桩也好，我都必须绕过他，射门，进球。"

成功就这样简单，只要把自卑除去，你就能成功。贝利战胜了自卑，发挥了自己的特长，他成功了，最终成了世界级球王。

善待犯错的自己

在成长的过程中，每当你做了父母亲认为不对的事情时，他们就会批评你，纠正你。长此以往，父母的批评和谴责渐渐地会成为你自己思想的一部分，等你长大成人后，即便父母不再批评你了，你也会在犯错时做自我批评，不停地责骂自己，说自己有多蠢。这样下去，你可能会变成这样一种人，犯点小错误就会很紧张，以至于不能容忍自己犯任何的错误。于是，你的内心里一直背负着自己的错误包袱不肯放下。

一切事情的发生，都具有其独特的原因，或许是物质的，或许是精神的，或许是人为的，或是偶然的……在错误发生的时候，我们不能苛求别人，也不要苛求自己，并且最重要的是要学会原谅自己。因为很多人在自己犯了错误的时候总是让别人原谅自己，仅仅让别人原谅自己是不够的，有时候还必须学会自己原谅自己。

人非圣贤，孰能无过？况且，即便是圣贤之人也有犯错的时候，请求别人原谅错误是正常的。但是，如果你犯了不该犯的错，别人都原谅你了，你还自己跟自己过不去，不肯原谅自己，只能让你更加确信自己做出了拙劣的选择，你会因此更加惶恐不安，这实际上增加了进一步犯错的机会。

实际上，自信力与完美无关，也和错误毫不相干。自信力存在的前提就是你要无条件地接受你自己，不管你是对还是错。当你犯了错误，你就会用你的错误来证明你是一个无用的人，殊不知，这才是你真正的错误，才是最严重的错误。

拙劣的选择从来都不是故意做出来的，也没有人故意把自己能做好的事情做砸，也没有人会在前天晚上就下定决心"明天我一定要犯错误"，因此，作为一个平常人，犯错误是再正常不过的事情了。你没有必要因此而否定自己，让自己变得自卑。

原谅别人的错误是宽容，只有原谅自己才是真正的洒脱，你一定要学会原谅犯错的自己，善待犯错的自己。很多人恐怕都有这样的经历：当自己从噩梦中醒来，惊魂未定，仍然觉得自己亲近的人去世了或是自己被人紧紧地追杀。片刻之后，你才明白原来那是噩梦，于是，一颗剧烈跳动的心平静了，因为你的思想已经"重新定义"了梦境中所发生的一切，把自己遭遇到的可怕险境转化为只不过是梦境罢了，你的整个身心也都受到了你思想的引导。我们要像认识梦境那样从不同的角度认识错误，把错误当成生活中自然发生的、具有自身价值的事情。

错误能帮助我们成长。通过对错误的认识，我们可以掌握新方法、新知识，错误能告诉我们什么行得通，什么行不通，比如，小时候第一次吃鱼把鱼刺咽下去了，第一次刷碗打碎了一个碗……于是，下一次，你就知道鱼刺是不能吃的，就知道怎样才能避免把碗打破……儿时的我们是在错误中成长的，成人的我们同样会在错误中增长见识。再比如，去年你买了一幅字画，认为很划算，可是今年你发现这幅画褪了色，很明显自己犯了一个错误，于是，你把去年的错误行为当作教训。后来，又碰到一幅你十分喜欢的字画，虽然价值不菲，你还是下定决心买了下来，现在它的色泽依然如刚买回来时那样。这不就是上次的错误给你带来的收获吗？所以，你要学会在错误中吸取经验，要把错误当成帮你成长的老师，这样，你就能很释然地面对犯错的你。

错误与自身的智商和价值没有任何的关系。不要因为错误就否定自我价值，更不要因为错误就开始怀疑自己的能力。如果爱迪生要这样想的话，说不定现在我们还是生活在一片黑暗中呢？

错误还能给我们警示。它就像你轿车上的蜂音器在响，那是提示你系上安全带。你一直对自己的驾驶水平引以为豪，于是，总在开车的时候做一些小动作，不是弹烟灰，就是换磁带，一次小的交通事故可以让你猛然惊醒：开车时要集中精力；一次和朋友的大吵，会提醒你要学会宽容，要学会更好地与人沟通。并不是每个人都能这样认识自己所犯的错误，常把这种警示变成消极的暗示，把错误当成自己的罪过，于是他们就失去了从错误中学习的机会。

这些道理也许每个人都懂得，但要真正做到原谅犯错的自己可不是一件容易的事情。比如，一位曾经很温柔、很体贴的女孩，把你照顾得无微不至，可你总认为她没有自己的个性，总爱粘着你。于是，你开始厌烦，开始冷落她、疏远她。等到她成为别人的新娘时，你才知道自己错放了一次手，开始无端怀疑自己不够温柔，不懂得珍惜，不懂得爱护，常常责怪自己，以至于不愿意去进行新的约会，也不愿面对新的异性。

人沉溺于自己的错误中是很可怕的，这样下去你会失去生活的热情与斗志。为了让你能够以正错的态度对待犯错的自己，现在，我们做这样一个练习来帮助你提高领悟错误的能力，学会原谅犯错的自己。

■ 第一步，列出你所犯的错误

拿出一个本子，请列出那些犯过严重错误的历史人物或公众人物。你会发现，人人都会犯错，而且越伟大的人犯的错误也就越严重；把身边你所敬佩的人的错误也列出来，你会发现让你钦佩的学识渊博的老师可能会为一件小事抓狂，一流的推销员可能会把一家公司经营得一团糟。

为什么那么优秀、令人尊敬的人也会犯错误？因为，在做出决定的时候，他们也不知道那就是一个错误的决定，谁也不能对还没有发生的事情做出全面的、准确的预见，大人物如此，我们也如此，所以，就不要为自己的一次错误的决定再责怪自己、惩罚自己了。

请坦然地列出你的错误吧。

■ 第二步，回忆当时的情景

如果你列举的内容不够明确，就把它们压缩为八大错误或十大错误，然后，针对你的第一大错误，开始回忆当时的情景。你当时会知道发生些什么吗？你当时能够意识到自己的行为会给他人带来痛苦吗？如果你意识到自己的行为会给他人带来痛苦，请回忆，当时你是如何衡量这种痛苦的？请你注意你优先考虑的方面。最重要的问题是，如果重新回到当时，面对同样的事情，你会采取不同的方式进行吗？

然后，重复进行这样的练习，你会发现，当时你所选择的方法已经是最好的，或许你认为是最好的了，这样你就会释然许多。

■ 第三步，原谅自己

前面的练习已经告诉你，按照当时的情况你已经做出最好的选择，并且你已经为你的错误承担了相应的后果和责任，付出了相应的代价，你没有必要再自责了。如果你的错误涉及别人，那就争取去获取别人的谅解，甚至想出某种补偿的方式，这样，你会更容易原谅自己。

最后，你要明白，错误已经不可避免地发生了，我们除了接受它，接受它给我们带来的一切：痛苦，责任……然后，就开始忘记它。只要避免下次不要犯同样的错误，就让曾经的错误永远地成为过去吧。

如果你学会善待犯错的自己，错误就不会成为你心头的包袱，也就能避免进一步犯错的可能，你的自信心也不会因此受到打击。通过在错误中的学习，你会用更深沉的微笑来面对这个世界，用更自信的脊梁支撑自己挺直腰板。

摘下"伪装自信"的面具

19 世纪 70 年代，西方心理学家潜心研究出了当时非常著名的"自信之潮"现象，教授自信的课程在当时曾经风靡一时。他们非常著名的观点就是"假装自信直至你真正做到自信为止"，伪装自信至今仍是很多人的信条。

人们没有意识到，伪装正是缺乏自信与自尊的表现。这就好比一个人整日戴着"自信"的面具，不能真实、充分地表现自己，结果就失去了证明自己、让别人了解自己的机会。长此以往，即使一个人有再多的潜力，由于总是伪装，就会对自己究竟是谁感到无所适从，这样不仅培养不起你的自信，而你原有的一点点自信也会动摇以至湮灭。

令人遗憾的是，大多数人对这种现象没有进行积极的回应，去探索更加令人信服的方法，而是继续沉迷于此，于是很多人比以前更加卖力地伪装自己。

有一位非常优秀的人，他一直很低落，也很沮丧。当有人问到为何如此时，他提到自己的一个"无关痛痒"的小毛病，那就在任何情况下都要稍微夸大一下他的成就。

如果他在一笔商业交易中获取 10 万元的利润，他就会告诉别人他赚了 10.5 万元钱。如果他在高尔夫球场打出了 76 杆，他就会告诉别人他打出了 74 杆。即使以大多数人的标准，他所取得的成就已经非常显著，他还是愿意把自己的成就再夸大一些，以使自己看起来更加成功。

很明显，这实际上就是他沮丧的原因。无论他表现得多么优秀，甚至卓越，或者是取得了巨大的成就，他永远都不能达到他心目中的理想标准，就是他描述给大家、被他夸大了的成就。

现实生活中这样的人很多。有些人由于"太成功"而过于自信，或者他们会因此向你炫耀自己的财产或者是自己所结识的大人物，他们把自信与傲慢无礼混淆在一起，把自信与傲慢当成一回事，他们也因此混淆了外在表现与内心力量的区别。

这些想用傲慢给人留下自信印象的人，内心通常都是明显缺乏自信的人。这种现象的最终源头被心理学家称之为"对平凡的恐惧"。对于那些生活在恐惧之中而又试图找到自信的人来说，伪装成高高在上的样子就是自我保护的一种形式，是对脆弱并且伤痕累累的自我所做的最后保护。当伪装的自我处于上风时，事情往往会变得更糟糕。

一位很害羞的妇人，长得很胖，因此很自卑，害怕在公共场所与人相处。每逢家里来人，一听到门铃响，她就很紧张，心都悬了起来。但为了在众人面前装扮得很自信，每当他与丈夫参加聚会的时候，她总会极力表现出自己的开心，甚至有时候都过了头，每次参加聚会回来，她都很累，也为自己的表现而自责。很明显，伪装的自信并没有给她带来快乐，也没有给她带来自信。

无论何时，当人们开始伪装自己时，就会从态度和行为上刻意地表现自我，这是内心缺乏自信的一个讯号，无论是古怪的着装还是刻意的滔滔不绝，只不过是为了弥补对平凡的恐惧罢了。

更为糟糕的是，伪装自信的人不单单是努力建立自信，他们还试图让身边的人变得没有自信，从而表现出自己的高高在上。他们利用自己的财富、名誉或是地位作为武器，强调智力上的优越感或自我道德，来压制周围不如他们的人。他们很爱与不如自己的人交往，以此显示出自己的自信，甚至对不如自己的人傲慢无礼，结果这些人会在伪装中失去了自我，在表现自己的时候走进了误区。他们往往为了追求不切实际的效果，简单照搬一些偶像人物的言谈举止，给人留下夸张、虚假的印象。这样不仅自己很累，给人的感觉也不好。英国唯美主义大师奥斯卡·王尔德说得好："做你自己，其他人便会满意。"

那么该怎样摆脱这种伪装的自信，依靠自己的力量建立起真实的自信呢？那就得依靠你自己，只有依靠自己才能建立起真实的自信。

第一，要真实地表现自己。不能不切实际地期望自己永远表现完美，也要敢于承认自己的局限，只有真实地表现自我，才能充分展示出个性的魅力，才能轻松、洒脱，无所畏惧。

第二，不要一味模仿别人，相信你是独一无二的。每一个人都有自己独特的成长环境和独特的个性，不同人对同一事件的行为表现也不具有绝对的可比性，因此，不要强迫自己与别人一样，或者要求自己与别人处于同样的水平。只有回归自我，才会有自然的表现，这时候显示出来的自信，才是真实的自信。

只要你这样做下去，你就会发现你拥有的是一个可靠的自我——在受到周围环境多年熏陶前，那个独一无二的你就已经存在，并且打造了你为人所熟知的个性。这个独特而可靠的自我非常可贵，并且特别自信。

你要深入了解那个可靠的自我，它将赋予你无限活力去追求自己想要的一切。

下面开始做这样一个练习：

停下你手中的工作，闭上眼睛想一想，如果你可以比现在气定神闲，你将会拥有什么样的生活……

挪动你的身体，让自己现在可以做到这一点：感觉完全自信的你是什么样的坐姿，感受你眼前的自信、力量及悠闲的感觉。

你自信的时候，你会以怎样的声音说话，你会对自己说些什么？

每天都进行这样的练习，这样的练习做得越多，你的生活转变得就越快。当你完全在这样的指导下进行实践，并一丝不苟地认真做这些练习时，实际上你正在转变成为那个自信而又充满活力的真实的你！

超越自卑，走向成功

一座大山上住着一位德高望重的禅师，一天，一个小和尚跑过来请教禅师："师父，像我这样一个小沙弥，什么时候才能在大千世界立足，我人生价值到底值几何呢？"禅师对他说："你到后花园搬一块石头，拿到菜市场上去卖，有人问价的话，你不要讲话，只伸出 5 个指头。然后，把石头抱回来，师父就告诉你。"

第二天一大早，小和尚抱着一块石头到山下的菜市场去了。菜市场上人来人往，人们很好奇，有谁会买一块石头呢？这时，一个农妇走过来问道："这石头卖多少钱呀？"小和尚伸出了 5 个指头，"5 元？"小和尚摇摇头，农妇说："那么是 50 元了？好吧，我买下了，这块石头正好可以放在我的大鱼缸里。"小和尚一听可开心了，一块普通的石头竟然能卖 50 元，但他还是遵照师傅的嘱托没有卖，他赶忙抱着石头回到山上，对禅师说："师父，今天有一个农妇出 50 元买我的石头，我没有卖。"禅师告诉他："明天你再把这块石头拿到博物馆去卖，有人问价，你依然伸 5 个指头，但还是不要卖。"

次日早上，小和尚又抱着这块石头来到了博物馆。小和尚一到博物馆里，一群人马上就过来围观，很多人窃窃私语："一块普通的石头，怎能摆在博物馆里"，"既然这块石头能摆在这里，一定有它的价值"。人们正议论着，有一个人从人群中窜出来，大声说："小师傅，这块石头多少钱呀？"小和尚伸出 5 个指头，"50 元？"小和尚摇了摇头，那个人："500 元就 500 元吧。"小和尚听到这里，更加惊讶了，但还是遵照师父的嘱托，没有卖。小和尚以更快的速度跑回山上，一到山上就迫不及待、气喘吁吁地对禅师说："师傅，今天有人要出 500 元买我这块石头。"禅师哈哈一笑说："你明天再把这块石头拿到古董市场去卖，还是像上次那样伸手，不说话，然后再回来。"

第三天一早，小和尚又抱着那块大石头来到了古董市场，马上就有人围观："这是哪个时代的石头？是不是有什么奇异之处呀？"但是没有多少人买，到了傍晚的时候，终于有一个人过来问价："小和尚，这块石头多少钱？"小和尚依然不声不语，伸出了 5 个指头。"500 元？"小和尚惊讶地大叫一声："啊？！"那位客人以为自己出价太低，惹恼了小和尚，立刻纠正说："不！不！不！报错价了，5000 元怎么样？"小和尚听到这里，话也不回，马上抱起石头，飞快地回到山上去告诉禅师："师父，师父，今天的施主出价 5000 元，这下你要告诉我什么才是我的人生价值了吧。"

禅师摸摸小和尚的头，慈爱地对他说："孩子，你人生的价值就如这块石头，如果你把自己摆在菜市场，就只值50元；如果摆在博物馆，就值500元；但是，如果你把自己摆在古董市场，就值5000元，甚至还要多。这就是你人生的价值！"

这个故事是否启发了你对自己人生的思考？自信的石头比金子都要贵，只要你超越自卑，找回自信，就能最大限度地实现自己的人生价值。这个世界上，不怕别人看不起你自己，就怕你自己看不起自己，所以，你要想取得非凡的成就，获取更大的发展，就要超越自卑，为自己寻找更大、更高的人生舞台！

自卑作为一种消极的心理状态，每个人的潜意识里都或多或少地存在。但自卑与自信仅有一步之遥，如果你超越了，它就能变成奋发的动力，就能帮助你走向成功，走向卓越。

无论是伟大的人物还是平凡的人物，都会在某一方面表现出优势，在另外一些方面表现出劣势，也会或多或少地遭遇到挫折或得到周围人物的消极评价，但并非所有的缺点或挫折都能给人带来沉重的心理压力，导致自卑。成功者能够克服自卑、超越自卑，其重要的原因就在于他们善于调控自己的情绪，提高心理承受力，使之在心理上阻断消极因素发挥作用。

成功者所运用的调控方法一般有以下几种：

■ 认识法

通过全面、辩证地看待自身情况和周围人对自己的评价，认识到自己不可能十全十美，也不可能让每一个人都对自己赞不绝口。人生的价值追求，主要是通过自身的智慧、努力达到力所能及的目标，而不是片面地追求完美，追求不切实际的目标。对自己的弱项和缺点以及遇到的挫折，保持理智的态度，既不自欺欺人，也不将其视为无法忍受的痛苦，始终保持理智的态度，这样便会有效地消除自卑。

美国第32任总统罗斯福小时候是一个十分瘦弱胆小的人，每当老师叫他起来背诵课文时，他就紧张得双腿打战，呼吸急促，回答断断续续且含糊不清，然后在同学们的哄笑中颓然地坐下来。然而，他后来却成了领导美国人抗击法西斯、为世界和平做出了巨大贡献的深得人心的美国总统。这就是那个胆小的孩子吗？他怎么能够做到这一切呢？罗斯福认识到自己的缺陷，但他并未因此向命运屈服，他不断地超越自己，也成功地超越了自卑。他把缺陷作为自己前进的动力，即使遭到同伴们的嘲笑，他也不以为意，每当背诵课文紧张的时候，他就坚定地对自己说："只要我用力地咬紧牙床，阻止它们颤动，用不了多久，我就一定能克服紧张情绪了。"当他看见其他小朋友活力十足地参与各种体育活动，他自己也要参加，不管体力是否能够负荷得了。就这样，罗斯福通过自己的努力克服了恐惧，超越了自己，成为越来越自信的人。

■ 转移法

将注意力转移到自己最感兴趣也最能体现自己价值的活动中去。比如你体育成绩不好，但你绘画不错，你就可以致力于绘画，从而淡化体育成绩不好在心理上投下的自卑阴影，缓解心理压力和紧张。

■ 补偿法

通过努力奋斗，以某一方面的突出成就来弥补生理的缺陷或心理上的自卑感。人之所以产生自卑感，就是因为意识到了自己的弱点。自卑感越强的人，寻找心理补偿的愿望也就越大，自卑感往往能激发他们在其他方面有超常的发展。许多人正是通过补偿的方式扬长避短，把自卑感转化为自强不息的推动力量。商界巨子霍英东，因为少年时代生活坎坷艰辛，他没有实现慈母的愿望，成为一代学子，后来却在商界大展宏图。耳聋的贝多芬，却成了划时代的音乐大师。他们都是通过补偿法超越了自卑，从而走向成功。

■ 作业法

如果自卑感已经产生，信心正在丧失，可采用此法。先找出某件比较容易实现也有把握完成的事情去做，事情成功之后，自己便会收获一份快乐，信心也会增强；然后，再找另外一个难度较大的目标，但要尽量避免难以实现的目标，这样自己的信心便会越来越强。每一次的成功，都会强化你的信心。你的自信恢复一分，自卑就会减少一分。

■ 回忆激励法

从成功的回忆中建立起成功的自我形象。当你怀疑自己的能力并为此感到自卑的时候，不妨从过去某些成功的经验中找到自信的感觉。你不要沉溺于对失败经历的回忆，应该把那些失败的影像从你的头脑中赶出去，你要明白，失败不是你人生的主要组成部分，而是偶然存在的现象。你应该多强调自己成功的一面，把自己置身于当时的场景中，想象自己是如何取得成功的，然后再逐步回忆你下一个成功之处。一连串的成功贯穿起来就会为你构建成一个成功者形象，说明你具有决策能力和行动力，能把握自己的人生，能够不断取得一个又一个成功。这样你的自信心会越来越强，就不会为暂时的自卑感所困惑了。

我们要善于发掘、利用自身的资源。强者也并非是天生的，强者也并非没有软弱的时候，强者之所以成功，就是因为他们善于发挥个人的优势，善于扬长避短，从而战胜自卑，超越自卑，走向成功。他们能，你也能。

测试：你是一个自卑的人吗

1. 你的身高与周围的人相比如何？

A. 相当低；

B. 差不多；

C. 高。

2. 早晨，你照镜子的第一个念头是什么？

A. 再漂亮点就好了；

B. 想再仔细装扮一下；

C. 毫不在乎。

3. 看到最近拍摄的照片，你有何感想？

A. 拍得一点都不好；

B. 拍得很好；

C. 还算可以。

4. 如果来生能够选择的自己的性别，你会：

A. 改变自己的性别；

B. 仍然保持自己的性别；

C. 男女都一样，无所谓。

5. 你是否会在想到 5 年或 10 年后会有什么让自己极为不安的事情？

A．常常想；

B．没想过；

C．偶尔想。

6．你受周围的人欢迎吗？

A．很受欢迎；

B．不受欢迎；

C．不太清楚。

7．你被朋友起过绰号、挖苦过吗？

A．常有；

B．没有；

C．偶尔有。

8．批改完的试卷发下来，同学要看，你会：

A．把打分的地方藏起来后再让他们看；

B．让他们去看；

C．不让他们看。

9．体育运动过后，你有过"反正自己也不行"的想法吗？

A．常常有；

B．没有；

C．偶尔有。

10．你有过在某件事情上绝不亚于他人的想法吗？

A．有一两次；

B．从来没有；

C．不是特别之事，毫不留意。

11．碰到讨厌和寂寞无聊的事情你怎么处理？

A．陷入深深的烦恼中；

B．很快忘却；

C．向朋友和父母亲诉说。

12．有了情敌，你该怎么办？

A．灰心丧气；

B．向情敌挑战；

C．毫不在乎，一切照旧。

13. 被异性称为"不知趣的人"或"傻瓜笨蛋"时，你怎么办？

A. 立即回敬他 \ 她："笨蛋，没教养。"

B. 心中感到不好受，但不表现出来；

C. 不在乎。

14. 如果碰巧听到有人说你朋友的坏话，你会？

A. 断然否认："那是根本没有的事情！"

B. 心里担心会不会是真的；

C. 不管闲事，认为别人的事情，没有必要管。

15. 如果你在一门功课上不管怎么努力，都输给竞争对手，你将怎么办？

A. 继续努力，争取超过他；

B. 感到不行，只好认输；

C. 从其他学科上超过他。

评分标准

根据下列标准，将各题的得分相加，统计总分：

题号 \ 选项	A	B	C
1	5	3	1
2	5	3	1
3	5	1	3
4	5	1	3
5	5	1	3
6	1	5	3
7	5	1	3
8	3	1	5
9	5	1	3
10	1	5	3
11	5	1	3
12	5	3	1
13	3	5	1
14	1	5	3
15	3	5	1

得分分析

15～30分：环境变化造成的自卑。你平时没有自卑感，无论情况如何变化，你都是一个乐观主义者。你对自己的才能充满自信，如果抱有自卑感的话，那也是因为周围的环境发生了变化，还没有适应那里的环境，比如你刚进入了一个人才济济的工作单位。

30～45分：理想过高造成的自卑。你有追求过高、理想太高而不符合实际的缺点，你不满足于现状，想出人头地，这些想法导致你去追求一些不合实际的幻想。可以这样说，你过于与周围的一切计较长短胜负，过于追求虚荣，反倒陷入深深的自卑中不能自拔。

45～63分：过早下结论造成你的自卑。你在还没有开始做一件事情的时候就断定自己不行，自认为不如别人。主要是你不了解周围人们的真实状况，不清楚让你焦虑的真正原因是什么。搞清楚状况的话，你会恍然大悟："原来竟然是这样的事呀！"随之则会坦然自如。你的自卑感是你的无知导致的，你的缺点在于总是消极地否定自己，从而提不起精神，心灰意冷。

63～75分：性格懦弱造成你的自卑。你常会用消极悲观的眼光看待周围的一切事物。你对自己的体魄和外貌缺乏自信，光是看到自己的缺点等不利之处。在事情还没有成功之前就自认为自己不行而转向消极的等待。

第二节 战胜恐惧，轻松自在地前行

恐惧会使你夸大事实，增加无谓的痛苦和烦恼，会使害怕的阴影变长。信心不足在很大程度上是由恐惧引起的，实际上，信心本身就意味着面对困难和压力时毫不畏惧。

不要把担心当成习惯

担心是人的一种正常的心理反应，但如果担心已经成为你的生活习惯，那就不正常了。一些人往往习惯去担心，如果没有什么事情可担心的，他们反而感到很不自在，觉得是不是有什么重要的事情被自己遗忘了？把担心当成习惯的人，无时无刻不是生活在担心中，前面担心的事情刚刚过去，立刻又会找到新的事情来担心。这样的人总是生活在恐惧之中，不仅会损害到身体健康，还会消磨意志，让人变得没有自信。

许露的丈夫住院了，她在等待化验结果，丈夫可能是鼻癌，这时候她当然有充足的理由为丈夫的健康担心。但是，一旦知道自己的丈夫患的只是鼻息肉，对身体没有什么大碍时，她理应松口气了，谁知道她立刻以同样沉重的心情开始担心家里的经济状况，毕竟丈夫要修养一段时间，她时刻为家里人要过食不果腹的日子而忧心忡忡。实际上，家里的经济状况并不像她想象的那样恶劣。等到丈夫身体恢复可以去上班了，在她看来，不用为家里的经济问题担心了，她又开始为儿子的学习问题所困扰。当为孩子请来家庭教师，在家教的辅导下，儿子逐渐跟上并在班级考试中名列前茅，她又开始关注起自己的家里的猫会不会把她的衣服和家具都给抓坏。

也许很多人会说，这种担心在生活中是很正常的，每个人都会有这样的担心。但问题的关键在于许露对猫的担心程度与她对自己的丈夫可能会得了绝症的担心程度是不相上下的，还有关心上面所说的家庭经济问题、儿子的学习问题等的程度也和关心丈夫绝症一样。她时刻为某件事情担心着，一旦这件事情解决了，没有什么可担心的时候，她又会担心新的事情。很显然，她的这种担心是不正常的。

担心本来是人们对未来可能发生事情的一种假设的可怕的想象，一个人为什么事情而担心，就意味着他认为这件事情的后果是不好的，甚至是可怕的，至于真正要发生什么事情，他是一无所知，这些担心只是他对结果的某种可怕的猜测而已，至于是不是真如他猜测的那样可怕，就不得而知了，恐怕结果远没有他想象的那样可怕，所以说担心是多余的。

现在请你想一想，在过去的生活中你都为什么样的事情担心过，你再仔细想一想，又有多少担心成为现实了，最容易想起来的当然是那些后来成为现实的。可以肯定地说，在大多数情况下，你的担心都是没有道理的，因为先不说结果如何，其实你所担心的事情多半都不会发生，甚至一件都不会发生，而且有时还有意想不到的好结果。

一味地担心，不管是对未来没有发生的事情担心，还是相信它一帆风顺，都会影响到你后来的行为，继而影响到将要发生的事情。如果你担心将要发生的事情，你就会更加恐惧，在下决定的时候也就更加犹豫不决，不知道该采取怎样的行动。因为你在潜意识里为了证明自己的担心是正确的，你就会寻找"证明"，于是，你的行动就开始为你的担心做证，在此情况下，你可能就会放弃冒险。但是，如果你对未来采取乐观的态度，你就会对未来要发生的事情充满期待，就会充满活力，并且活得快乐，这样你就能更加积极地去面对生活中发生的一切。对于遇到的困难，你可能会积极采取行动，也更有可能迅速抓住瞬间的机遇。

我们要正确地认识担心，正确地处理担心，这样就不会养成动不动就担心的习惯了。担心作为人体内部应急反应系统的一部分，是与生俱来的，它具有警示功能，能告诉你哪些地方要出事了，让你小心行事，比如，为即将到来的考试担心，它会让你更加努力地去学习。除此之外，担心再没任何益处了，相反还会给我们制造许多麻烦。仍以考试为例，如果在考试结束之后，你为担心考试成绩不及格而失眠，这种担心不仅无益，反而会让你的情绪低落，并且这样的担心也于事无补，只能会让你更加消沉，更加软弱无力。

精神时刻处于紧张不安的状态，对身体健康和生活幸福都会有影响。很难想象，一个紧张不安的人能够坐下来沉浸在感人的电视剧中或悠闲地品上一杯清茶……所以，从现在开始，要学会控制自己。

那么，该怎样克服自己的恐惧心理，成功摆脱担心所带来的消极影响呢？

■ 第一，试着问问自己，担心究竟有什么用处

如果你已经养成了担心的习惯，也许很少会坐下来静静地想一想，到底自己担心的事情是不是值得自己这样紧张不安。

为你所担心的事情分级排序，从最不重要的事情一直排到最重要的事情，你就会发现，这些事情原本没有你想象的那么恐惧，也没有你想象中的那么值得担心，为什么自己还要为此紧张不安呢？要这样不断地提醒自己，担心除了激发你去马上去行动外，就没有别的用处了。

■ 第二，要问一问自己，自己担心的事情如果发生了，最坏的结果 是什么，自己有什么打算

对未来事情的担心会让人们陷入一种无可名状的恐惧之中，并且这种对将要发生的事情的恐惧比所担心的事情真的发生带给人们的感觉还要可怕，因为如果不幸的事情真的发生了的话，人们就不会再考虑它有多可怕，而是要正视它，想办法解决它。在生活中我们经常会遇到这样的人，他们最坏的遭遇确实非常可怕：面临着死亡的威胁，失去了家庭和亲人，面临着破产，等等诸如此类的情况，但是，大多数人都能坚强地挺过来，就是这个原因。

可是，如果对未来要发生的事情产生恐惧的话，不管它是不是很严重，恐惧感都会被人从心理上无限制地扩大，这时候人们所承受的心理压力就会越来越大，直至神经崩溃。

所以，我们提倡当你遇到为未来发生的事情担心的情况时，想象一下

可能发生的最坏情景，当你发现结果并不像想象的那么严重时也就不会再受恐惧的困扰了。

还有更好的做法，就是把这种最坏的情况当作已发生的事实来对待，你就会考虑应对策略，而不是终日紧张不安，忧心忡忡。即便你所担心的真的发生了，你也有了预先想好的策略，自己不会被突如其来的打击搞得措手不及，甚至还有采取一些现成的已经想好的补救措施。

李凯要投资一个很被人看好的新产品，但是他非常担心，害怕自己的决策失误会让自己的生意破产，会让他失去数十年辛苦奋斗获得的一切，包括房子和奢华的生活，以及年轻美丽的太太。在备受恐惧折磨之后，他使用了这一方法。他想象他所担心的事情发生了，他确实失去了现在所拥有的一切，那么他该怎么做呢？他的想法出乎他的意料，他并没有垂头丧气，也没有不知所措。他表现得很勇敢，也很坚强："我什么都可以做！从哪里跌倒，就从哪里爬起来。我不害怕辛苦，什么都没有了我还可以像从前一样白手起家，我也可以先与父母住在一起。"在那么糟的情况下他都相信自己可以应付，那么现在仍然有很多选择的余地，他还有什么不能做的呢？

■ 第三，还可以这样问问自己，面对担心，我该做些什么呢

第一件事情就是要认清你担心的事情的真相，了解所有的情况，以便做出更明智的选择。列出以下问题可以帮你理清思路：你遇到了什么问题？这个问题产生的原因是什么？哪些是主要原因？哪些是次要原因？哪些原因是人为的？哪些原因是环境决定的？你有什么切实可行的办法解决这个问题吗？你有多少种解决办法？

这样每个问题都多想出几种答案，把你所列出的答案从最可行到最不可行的顺次排列。通过这样的工作，你就找到了什么是最可行的办法。然后就开始行动吧。

行动起来可以缓解自己的担忧，因为你知道自己还有解决问题的方法。但是有时候某些担心是无法行动的，比如你正在等待一次资格考试的

结果。无论你做什么都可能于事无补，你也可以做些其他的事情让自己采取有效的行动。比如做好两手准备，把自己考试用过的资料整理一下，然后放好。考试过了，可以送人；如果考试没有通过的话，还可以用于来年的复习。或许资格考试通过之后，你又该做些什么呢？那么现在就开始做吧，反正不让自己闲着在那里瞎担心。

如果这些方法对你没有效果，你的生活失去了担心就不舒服，或者不相信自己能够做到不担心，那么，你就给自己专门选定一个时间和地点来处理你的担心。你会发现在某个时段内，专心致志地为所有的事情担心一下，即使半个小时也就足够了。以后，如果你忽然又为某件事情开始担心的时候，你就可以这样告诉自己，"我会在周五的晚上再好好想这个问题。"如果你担心自己会忘记，那么就把它记在你的记事本上。这个办法会很有效地缓解你的情绪，因为你可以在特定的日子、特定的时间里尽情地担心，哪怕是哭上一场也无所谓。

被人拒绝又怎么样

上帝对一个忠实的信徒苏克说："有机会的话，你将获得巨额财富，并娶到一位貌美如花的妻子。"

苏克认为这是上帝给他的承诺，终其一生等待着奇迹的发生，结果，他在贫困中孤独地死掉了。见到上帝他就问："为了您给我的承诺，我苦苦等了一辈子，不仅没有得到巨额财富，还穷困潦倒；我也没有娶到貌美如花的妻子，而是一个人孤独地过了一辈子。这是为什么呢？"

上帝对他说："我没有承诺直接给你什么，只是告诉你有获得财富和娶到漂亮妻子的机会，可是你却让这些机会从你身边溜走了。"

看着苏克一脸迷惑的神情，上帝提醒说："你应该记得曾经有 3 个犹太人，经过你的家乡，由于长途跋涉，他们累倒在你的小屋边，你把他们救了。他们说为了感谢你，要求带你和他们一起去经商，你却舍不得家，还害怕赚不到钱，你拒绝了。后来，他们三人都成了非常有钱的巨商。你一直暗恋邻村那位美丽清纯的姑娘，其实这位姑娘对你也有好感。由于你过度自卑，害怕遭到她的拒绝，不敢向这位美丽的姑娘求婚，结果她成了别人的新娘，机会就这样从你的身边错过了。"

听完上帝的解释，苏克为自己的怯弱懊恼不已。如果不是患得患失，他如今也应该是一位很有钱的大商人了，如果不是害怕被拒绝，他的一生将和那位美丽的姑娘一起度过，他也就不会如此孤独。

在人际交往过程中，有些人常常因为害怕被拒绝而丧失很多机会：害怕被拒绝而不敢跟比自己强的人接触；害怕被拒绝不敢向自己喜欢的女孩表白；害怕被拒绝在面试官面前不敢表现真实的自己……因为害怕被拒绝进而主动地拒绝了很多次可以参与竞争的机会，也就等于主动拒绝了很多次能够成功的机会。

就像每一个人都会遇到失败一样，被人拒绝是生活中不可避免的遭遇。生活中每一个人都会遭到拒绝，不是在此时，就是在彼时。不可能每一个人都肯定你，喜欢你。况且，你所有的意见、所有的表现也都不会得到所有人的认可，总会有人喜欢，总会有人拒绝。没有人喜欢被拒绝，但我们却不可避免地要面对被拒绝的遭遇。自信的人面对被人拒绝时他们会认为这并不代表自己的能力不行；不自信的人面对被人拒绝则认为这正是自己不行的表现，于是他们也开始怀疑自己。

为了克服被人拒绝的恐惧，为了增强自己的信心，我们必须学会接受和处理别人的拒绝，但是不要相信别人对你能力本身的拒绝。

杰克·尼科尔森获得奥斯卡最佳男主角奖，在颁奖典礼上他说了这样一句话："我要把它献给我的经纪人，他10年前对我说我没有半点成为一名专业演员的资本。"

《心灵鸡汤》被33个纽约出版商拒绝，可是，现在它却成了畅销书。

一位银行家曾经对电话的发明者亚历山大·格雷厄姆·贝尔说："立刻带着你的玩具离开我的办公室。"

很多人说他们不行，但是他们没有接受，他们没有难过，也没有相信这些话，所以，他们成功了。

别人拒绝我们的方式多种多样，可能是来自语言上的，也可能是来自情感上的，不管它来自哪个方面，都会使我们受到伤害。面对拒绝，有些人选择生气，有些人选择撤退，当然还有其他形式。

不管是什么形式，我们都要弄明白别人的拒绝可能对你产生什么样的影响，这对提升自信力是很必要的。别人的拒绝可能会对你有以下几方面的影响：

第一，使你开始怀疑自己的判断力。这是人们害怕拒绝的普遍原因之一，有很多人在别人的反对声中不能坚持自己的意见，放弃了自己的主意。岂不知，许多正确的决定就是因为人们在反对声中被过早地放弃才没有发挥它应有的作用。

第二，会使你原本认为很牢固的人际关系受到挑战。比如：当你很珍视的友谊受到拒绝的威胁时，你会受到很大的震动。其实，你完全没有必要对你的信心表示怀疑，拒绝可能只是暂时的，如果你的朋友喜欢你，他们会支持你去做你喜欢的事情的。

第三，会加深你的不安全感。不安全感是与生俱来的，即便是许多建立过丰功伟绩的人也会有不安全感，只不过成功的人能够抛开不安全感，坚持走自己的路。至于你能不能成为成功者，关键看你在遭受别人的拒绝并加深了自己不安全感时如何选择，是退回到安全线上去，还是勇往直前，取得属于自己的胜利。

第四，破坏你的信心。当你正要扬帆出航，实行自己的计划，追求自己的梦想时，忽然一个人对你说："我不喜欢你，我认为你做的是错误的。"如果你把这句话放在心里的话，就会被这句话伤害到自我，使自己的信心也受到损害。

以上是拒绝对人产生的消极影响。遭受这样的影响时，任何人尤其是自信力不够强大的人，都会被击败。只有那些能够正确看待拒绝的人，才不会害怕生活中、工作中遇到的拒绝，只有这样的人才能在拒绝声中坚守自己的信心，坚持自己的想法，从而获取成功。

以下三点可以改变你对拒绝的恐惧态度。

■ 第一，别人的拒绝并不是针对你个人提出的

比如，如果你应聘失败了，也不一定是你的能力不行，只不过你碰巧不是这家公司正在寻找的目标而已。你不要因为暂时的失利就妄自菲薄，

灰心丧气，对自己的能力表示怀疑。你不妨这样想："或许我应该去其他更适合自己的公司求职。"

如果你和女友合不来，不要认为是你有什么不对的地方，而应该想是不是你们两个不合适，因为女友对你的态度更多地取决于她自己，而不是你。你们合得来，那是因为你们有某些共同的东西相互吸引，有共同的兴趣和爱好；如今合不来，只能说明两人的爱好和生活情趣有差别罢了。

■ 第二，时刻提醒自己不要妄自菲薄

被人拒绝后如果你发现自己心里非常难受，不要沉溺于其中，要多想一想那些曾经爱你的人，多想一想你工作中取得的成绩，这样，你就会觉得，一次的拒绝并不能证明你就是一个失败的人。所以，当别人拒绝你的时候，你更应有闯劲，有进取精神。同时你应该学会向那些拒绝你的人表示感谢，因为正是他们的拒绝，才为你的生活打开了另外一扇门。

■ 第三，要学会总结经验

有时别人拒绝是与自己所做的事情或没有做到的事情有关系的。从拒绝中反思一下自己，这样学到的东西将会很有用。例如：凭你的专业和动手能力，面试完后你似乎胜券在握，但现实却很残酷：你应聘失败了！这时你就反思一下面试的经过，是否在面试的时候存在迟到早退现象，没有什么比迟到更让招聘人员反感的，尤其是那些迟到很久而又不主动解释原因，或者在面试进行到一半时接个电话就马上走人的；是不是你对所应聘企业的业务范围和运作情况一无所知，对所应聘的岗位情况也一知半解，如果这样的话，即使你专业对口，也很难让招聘人员信服你。经过这样的反思，在下次的求职过程中你就不会犯类似的错误。这样一来，一次的拒绝又算什么呢？只要你能从拒绝中学到东西，而不仅仅是伤心，妄自菲薄，你就不会再害怕拒绝了。

不要让他人的拒绝影响到你前进的脚步，动摇你的决心和信心，你应该战胜被人拒绝的恐惧，勇往直前。为了成功，你一定要勇敢地面对拒绝，坚守自己的价值、信念和做出的承诺。否则，你将一事无成。

理性地对待批评

当你想在同事聚会上一展歌喉时，由于害怕成为"出头鸟"，害怕遭到某些人的尖刻批评，你只好退缩了。当你有新的建议想在例会上提出时，基于同样的想法，你还是放弃了。你总是害怕遭到别人的批评，不敢做自己想做的事情。

或许你还不明白，害怕别人的批评也是没有自信的表现之一。

为了培养你的信心，不要让他人的批评影响到你个人才能的发挥，你必须学会理性地对待批评。当你不知道该如何对待别人的批评时，你不妨换位思考一下，当你批评别人时，你的动机是什么？很多时候，当我们告诉对方"我这是为你好时"，就开始把自己的观点强加于人，或是纯粹是为了显示自己，如阅历比对方丰富，认为自己经历过同样的事情就有权对你所做的事情指点来指点去。你一定要明白批评者的动机，如果批评你的人确实是为了帮助你进步，那他就是为你着想的。明白了这一点，相信你就会理解别人的批评了。另外，批评的黄金法则是对事不对人，这条法则也适用于别人对你的批评。

但我们不能否认，也有些人愿意针对某个人进行批评而不是就事论事，比如：有些人为了显示自己的优越性或某方面的能力而批评你，或是为了故意出你的丑，对你进行批评。如果你很不幸地遭遇到这样的人，恰好你还是一个十分敏感的人，你就会把哪怕是很轻微的批评放在心上，你就可能要受到恶意批评者的伤害了。

所以，你一定要理性地对待别人的批评，首先，要分析一下他们对你的批评是否有道理，是否对你有帮助。如果确实能帮助你提高业务水平或是提高动手能力或工作效率之类的有益批评，那么，你就把它当作一件礼物，认真收下，吸取教训。否则的话，听过了也就算了，不要把它放在心上。

那么，怎样辨别他人的批评是为我们好，是对我们有益的呢？

首先，要看批评你的人是谁。批评你的人是关爱你的人，或者是相关领域里让你重视的并且你会仔细考虑其意见的人，那么对他的批评你就需要认真想想，最好是能够利用他们的批评改进自我。

一位朋友曾这样诉苦："这两天郁闷死了！不是挨上司批评就是受到同事的指责，真是郁闷到家了。"其实，这位朋友挺能干，就是因为刚刚调换工作，还不熟悉工作流程，以往的经验还没有派上用场，一切都要从头做起，以致出现这样或那样的疏漏。后来，他换位思考了一下，觉得他们的批评挺有道理的，就主动接受他们的批评并注意改进。他现在工作顺手多了，业务上顺手了，也就没有人批评他了。

这位朋友是十分令人佩服的，他能够在受到批评的时候换位思考，并且进行深刻的自我反省，这是非常难能可贵的。

如果我们能理解父母期望子女成材时因"恨铁不成钢"而发出的各种严厉斥责，我们也就能理解那些批评我们的人对我们的特殊关爱，因为我们没有达到他们心目中的应该达到的标准，辜负了他们的期望，所以他们才会毫不客气地批评我们。

有时候，我们可能会在一无所知的情况下就劈头盖脸地挨了一顿批评，这时不妨去问个明白。有些领导张冠李戴，很可能因此冤枉了人。如果批评你的人是一个很挑剔的人，并且从来没有赞赏过别人的人，你就大可不必理会他的批评了。

其次，要看他的批评是否有道理。很多人对批评的下意识的反应就是感觉自己被冒犯了，并且会立刻找出理由准备反驳。这种情况常会影响我们的判断力，不能及时辨别受到的批评是否合理，这时，我们就应该在当天晚上临睡前回头冷静地考虑一下，分辨一下批评自己的话哪些是对的，并要由此对批评我们的人心存感激。如果我们冷静思考之后，仍然耿耿于怀，不能释然，就要自问一下，是不是他们根本是在胡说，或许根本就不了解我们目前正在做的事情。

批评并不总是正确的，所以，在受到他人的批评后，要考虑一下，尽量辨别出那些有道理的批评，相信自己的判断。如果自己是正确的，就不要妥协。但也没有必要和对方据理力争，只要自己知道自己是正确的并坚持下去就可以了。

但是，有些没有原则和主见的人往往会和批评自己的人采取一种伪装妥协的态度，因为他们不愿据理力争，也不愿意放弃自己的想法。但伪装妥协会让他们真的妥协下去。这样做是不会得到好结果的。

最后，面对批评你该怎样做？这才是最重要的。对待批评最糟糕的反应就是找出理由进行自我防卫。其实，最有用的也是最有效的做法，就是感谢批评你的人。这并不是要你接受对方的批评，也不是意味着你必须照着对方的要求去做，但是，这样确实可以让你愉快地结束谈话。

面对批评，你最好像个局外人那样，这样你就会更冷静地思考问题，能够做到对事不对人。这样你会发现谁的批评才是对你有价值的，谁的批评是为你着想的。

你不妨这样想一下，如果同样的批评是针对另外一个人，你会怎样看待这次批评？如果你接受了批评，会有怎样的结果？

记住，一定要弄清楚你自己的真正想法，一定要忠实于你自己。

害怕成功会让你踌躇不前

害怕成功同害怕失败一样会让你踌躇不前。美国著名导演马克·福斯特有一个很好的方法来测试你是否会害怕成功。在他的通讯专栏中他这样说：你可以通过发现你的反面目标或者"潜意识"目标，看你是否害怕成功，因为这些反面目标和"潜意识"目标会影响你成功的欲望。

假如你有一个变成富有女人的目标，于是就你就写下"我想变得富有"，接着写出你成为富有女人的所有理由。

我想成为一个富有女人，因为那样：

我就可以买到任何我想要的东西；
我将有以更多的时间去做自己喜欢的事情；
我不会再为钱不够用而发愁了；
我将会以自己喜欢的方式生活，不管是独身还是结婚；
我不会因为经济条件差而放弃追求我喜欢的人；
我会获得别人的尊重；

我会有成就感；

我可以更好地用我的财富回馈社会。

假如你把这个目标反过来，写出与之相反的目标"我不想变得富有，我不想成为别人眼中的女强人"，你有什么样的理由呢？因为那样：

我会失去现在悠闲的生活；

我会为了生意而钩心斗角，从而失去内心的安宁；

我很难找到真心爱我的人，因为追求我的人看上的也许是我的钱而不是我本人；

我和我的家人也许会成为劫匪的目标；

我不想为了钱而终日忙碌；

如果我不积极地做慈善事业，很多人就会说我是一个贪婪的人。

当你的"潜意识"目标或反面目标占据上风时，你追求成功的渴望就会没有那么强烈，你的行动无形中就会受到阻碍。或许你的潜意识中还是觉得不要成功的好，保持固有的生活状态没有什么不好，因为你害怕成功，害怕成功之后带来的更大的责任。

人们为什么会害怕成功呢？也许对很多事物，我们都是喜新厌旧，但对于生活模式，很多人的态度是喜旧厌新。一般情况下，人们不愿意主动放弃他们早已经习惯的生活模式，虽然这些习惯对他们没有任何好处，但他们仍然像对老朋友一样去珍爱这些习惯，因为一旦放弃旧习惯，他们就会感到生活的空虚、无聊和没有依赖，从而陷入忧虑痛苦之中。这时他们需要一种全新的生活方式去支持他们生活下去，但新的生活方式的形成需要一个过程，需要一段时间来完成。于是，这段时间就会形成一段情感依托的"真空地带"。面对这种真空地带，很多人感到无法适应而痛苦，备受煎熬。于是，那些意志薄弱的人便会退缩，宁愿回到以前的生活状态中去，也不愿意去追求成功。

守住固有的生活方式，还是大胆做出改变，迈向成功，是一对矛盾，但你必须从中做出选择。选择新的生活方式会使人们成功，但是很多人对自己没有信心，对未来的生活没有把握，与已经习惯的生活方式诀别，便会感到恋恋不舍，也会感到痛苦；选择新的生活方式会使人们成功，但人们要接受磨难，接受未来生活的不确定性。而选择默守成规的模式，就可以逃避这种挑战，获得一如既往的轻松。但是，这样下去，你或许就会永远与成功无缘。

有这样一个实验很能说明问题：如果把青蛙放在滚烫的热水中，青蛙会很快地跳出来；但是如果把青蛙放在冷水中，然后慢慢地加热，青蛙会逐渐适应水中的温度最后被烫死在水中。很多人就像温水里的青蛙一样，徜徉在旧有的轻松自在的生活中，就会忘记追求成功，直到老去。

不管你是否承认，渴望成功的你，之所以没有成功，不是因为你的能力不行，也不是没有实干精神，而是因为你并不是真的渴望成功，而是害怕成功。如果你不是害怕成功，你早就成功了。

成功意味着你将完全进入一种成功者的角色，成为一个成功人士。这是你在表面上所渴望的，也是你的内心所惧怕的，因为在成功的角色里，你必须彻底放弃原有的生活状态，必须为维持成功而继续努力，你害怕成功之后再失去这一切，生活会变得更加糟糕。"爬得越高，摔得越重"，这句话一直在你耳边回响。因为你害怕成功，所以你才没有成功；因为你害怕成功，所以你宁愿维持现状，而不愿做出任何的努力和改变去追求成功。

玛格丽特，63 岁，是一位邮局退休的工作人员，5 年前，她丈夫去世了，她的孩子们一个个成家了。她很希望在她离开这个世界之前，能够到各处旅游，好好看看这个世界，结交一些年龄相当的有意思的朋友。她有时间，也有钱，身体也很棒，但是，退休已经 3 年了，她依然待在家里，只是经常翻看一些旅游杂志，在上面看看那些不熟悉的国家和城市。那些与她年纪相当的女士们，不是和教会团体去拉斯维加斯，就是坐大巴到英国著名的国家公园去进行地质勘探游。她很羡慕她们，但自己却无法做到。

她经常想象自己从一家小旅馆到一家乡村小酒馆，再走到教堂一带，去看乡村那迷人的景色，听各种鸟类欢快地歌唱，品尝着地道的特色菜，也许还会和来自美国的一位活泼绅士相遇，然后一起结伴旅行，途中互相照顾。

玛格丽特也想象到，这样的好景不会长久，因为过不了多久她就会想家，会担心自己扭伤脚踝，会违背古老的英格兰风俗，让自己看起来像一个美国老太太，而不是传统的英国老太太。也许那位活泼的绅士会得寸进尺，她会毫无办法。或者，她会和那位老年绅士开始一段黄昏恋，接着他就会发现她实在是一个普通不过的英国老太太，他就会把她抛弃。想到这里，她就会这样告诉自己：我最好还是不要奢望什么才好，那种美好的生活是给别人安排的，不是给我的。

从以上的内容我们可以看出，玛格丽特是一位信心不足的老太太，她渴望过上幸福的老年生活，但是她又有一种很深的羞耻感，这导致她在追求成功的同时又回避成功。

很多人都这样，渴望成功，又害怕成功。渴望生活中美好的东西，又觉得自己没有资格拥有它们。如果他们真的获得了成功，又开始害怕起来，害怕等着他们的将是毁灭性的失败；害怕成功会成为别人嫉妒的对象；害怕会有人来依赖他们，但他们自己会在这种责任的逼迫下崩溃，或是令依赖、钦佩他们的人失望。

你有这样的经历吗？如果你已经设定了成功的目标，就不要害怕成功，也不要在内心批评自己，内心的嘀咕会消磨你的意志：你不会成功的，你以为你是谁？不值得冒险，获得之后再失去，那时的生活会比现在的糟糕许多……

遇到这种情况，你要学会自我反驳。玛格丽特就这么做了，她写出了自己的反驳理由，并反复练习，用它们驳倒内心的自我批评。于是，她报名参加了明年的徒步旅游。

她的反驳是：

我忙碌了一辈子，儿女都已经成家了，我也该过自己的生活了；

我是一位有活力、能干的女人；

我应该拥有这些美好的东西；

我可以去我想去的任何地方，我可以做我喜欢做的事情；

我可以应付生活中的一些诸如扭伤脚踝等小问题，这是生活中常有的小插曲，我可以应付的。

经过这样的练习，玛格丽特自信多了，心态也就平和多了，她终于可以毫不恐惧地去参加自己喜欢的旅行，可以开心地与一位多情的同龄人开始了一段黄昏恋。

现在，你明白了为什么害怕成功会阻止你走向成功了吧。是这样，害怕成功会让你踌躇不前，会让你患得患失，不敢坚定地迈出行动的步伐。所以，不论是尝试新事物，还是争取晋升机会，还是在生活中开始计划做出某些改变，你都要把你的反面目标写下来，然后寻找与反面因素相矛盾的反驳理由，用你的反驳理由来支持你，这对你是很有帮助的。

另外，你还要明白，应付恐惧是一个连续不断的过程，恐惧会突然出现在我们生命中的不同时期。你可以这样试一下：不论你想达成怎样的目标，追求怎样的幸福生活，只需要问问自己，不害怕时会怎么做？不要担心自己是否害怕——只要用心回答这个问题，并注意多想出几种答案，并且从中选择出最适合自己的方案，然后照着去做就行了。

那时，你会发现你已经战胜恐惧了，你已经可以轻松自在地去追求自己的理想目标，可以放心地去追求自己的成功了。

恐惧情绪测试：你有恐惧症吗？

恐惧是人类和动物共有的一种原始情愫之一，它是指个人在面临并且企图摆脱某种危险境地而又无力摆脱时产生的情绪体验。恐惧时常伴有退缩的行为和异常激动的表现与生理反应。引起恐惧的原因是多方面的，如熟悉的环境突然发生了意想不到的变化，可怕的事情突然发生，或是被他人的恐惧情绪感染等都可能引起恐惧症。

测试：你有恐惧症吗

1.童年时代你对父母感到恐惧吗？

A.对父母俩人或其中一人感到惧怕；

B.偶尔；

C.我不记得对他们感到害怕。

2.你时常有无能为力的感觉吗？

A.每当遇到麻烦时，我会深深地体会到什么是无能为力；

B.有时候，当遇到较大的困难时，我就感到无能为力；

C.在处理各种问题时，我几乎从来没有感到无能为力。

3.你担心失去现在的生活状态吗？

A.我常常害怕失去现在的生活；

B.偶尔担心；

C.从来没有担心过。

4.你常常关心他人对你的印象吗？

A.经常关心别人对我的印象；

B.偶尔这样做；

C.别人对我的印象如何，我基本不在意。

5.对您有威慑力的人，你是如何与之交往的？

A.总是感到害怕与苦恼；

B.避免与这种人打交道；

C.不怕任何人。

6.你对无害的动物（比如长毛狗、大猫咪）：

A.感到很恐惧；

B.令我有点不安；

C.这些小动物从未令我害怕。

7.你担心失去自己心爱的人吗？

A.是的，我时时担心；

B.有时候我会担心；

C.我对自己拥有的充满信心。

8.你对于自己的身体状况如何评价？

A.我总觉得自己会患某种重病；

B.偶尔发现身体有问题，因此为自己的健康担心；

C.从不为身体状况担心。

9.你做出决定的态度：

A.做任何决定，都令我内心十分痛苦；

B.有时感到不安；

C.从不担心出错。

10. 你有责任感吗？

A. 我做任何事情都不想承担责任；

B. 如果需要我负责任，我一定负起责任；

C. 我理应主动地负起责任。

评分标准

选 A 为 3 分，选 B 为 2 分，选 C 为 1 分。把所有的得分相加。

结果分析

10～14 分：有严重的恐惧症。你可能做过一些自己不满意或不合常理的事情，由此产生了某种程度的自卑感，从此做事总是害怕失败。常见的恐惧症有恐高症、恐水症、恐旷症等，它们都表现为对某一件东西强烈、病态的害怕。你不要为自己有某种恐惧症而担心，大多数人都承认有过病态恐惧，只是程度不同而已。

15～24 分：偶尔也会有恐惧感。你虽然不像有恐惧症的人那样严重，但已有些恐惧的症状，为了防患于未然，你要开始有意识地自我控制，调整个人的心理，不要害怕丢掉你的工作或是健康，因为这样的担心是于事无补的，你应该相信自己，乐观地面对生活，相信车到山前必有路，天无绝人之路，这样可以尽快去掉恐惧感。

25～30 分：无所畏惧。你的心理很健康，自信、乐观、豁达，无论是对生活还是对工作，还有个人的情感问题，你都具有充足的信心，一往无前，无所畏惧，相信你一定能干出一番自己的事业来，生活也会十分美满幸福。

第三节 建立真实可靠的自信

最有力的依靠就是你自己，让你的行动符合言语，让你的行动符合内心，通过行动产生信心。

对你的健康负责

身体越是健康，你的信心就越大，健康的身体可以立即提高你的自信度。你或许有过这样的经历，在你生病的时候会没有精力做事情，处理问题的能力也就相应地削弱，这样就会影响到你的信心。反之，当你通过积极锻炼保持身体健康时，你就会感觉轻松愉快，思考问题的能力也会有所提高，你的自信也就得以提升了。

如何对你的健康负责？答案有很多种，有很多种非专业性的关于健康和营养的书籍告诉我们如何辨别、防止、去除不健康的习惯，还有一些录像带、培训班能够教你如何发展和保持最适宜的健康状态。不管你的身体状况如何，平时多喝水，健康的饮食，保证充足的睡眠，多多地锻炼身体，只要你坚持下去，就可以改进你身体的状况。

■ 健康第一步，多喝水

水是人们生存所必需的物质，一个正常的成年人，体重的 60% ～70% 是水。没有食物人们可以活五六十天，没有水一个人最多只能活几天。没有水，我们还会被体内产生的废物毒死。肾所产生的尿和尿素必须溶解于水中，如果没有足够的水，体内废物就不会完全排出，可能会积结成肾结石。水对于体内的消化、新陈代谢也很有帮助，水通过血液运载营养物质和氧到细胞，排出汗液，水还能起到润滑关节的作用。

喝水的数量和质量也会影响到人的思维和感受，因为人的大脑重量的75% 是水分，人们需要足够的水来保持清醒的头脑。人的耐力和精力与水的摄入量有着直接的联系，脱水会让人感觉虚弱和疲惫，当身体得到所需要的水分时，它会有更多的精力去应付任何额外的压力。

这样说是有根据的，美国哈佛大学的一位教授对田径运动员进行的研究表明，饮用比身体需要稍多一点的水，可以缓解疲劳和压力并能增强耐力和能量。其中一项实验就是让一组运动员在酷热的天气里走尽他们所能走的路程，但是他们可以在一定的时间间隔里休息，但不许喝水和其他的饮料。坚持了 3.5 小时之后，他们中的绝大多数人都因筋疲力尽而中途退出了。

第二天，在同样的条件下，同样的运动员又做了同样的实验，但这次允许他们在比赛途中喝水，想喝多少都可以。这一次他们在坚持走完了 6 个小时后才筋疲力尽。在下一阶段的实验中，还是在同样的条件下，运动员们必须饮用比他们想要喝的还要多的水，饮水量由医生决定，以便补充他们在流汗时所流失的水分。这次他们一直步行，直到研究人员最后宣布时间到了他们才停止。令人吃惊的是，这次他们没有出现任何疲惫的迹象。

既然水对保持精力和健康的身体是如此重要，那么一个人一天中到底该喝多少水呢？美国加州专家福克博士说："要保持身体健康，每天至少要喝 8～10 杯水（每杯 250 克重）。如果是做运动或者是在热天就得喝更多水。"

在国际体育医疗中心，人们已经研究出了饮水量的公式：不运动时，每人每天 2 千克（8～10 杯）；做运动时，每人每天 3 千克（12～14 杯）。并且白天和晚上都要喝水，也许，你会这样问，我喝了这么多水，那不是需要老往厕所跑吗？是的，但是几个星期过后，身体会自动调节到小便量多，次数减少。

记住，每天喝上 8～10 杯水，你才会有一个健康结实的身体。

■ 健康第二步，注意饮食

人生命的存在主要依靠空气、水和营养。其中营养主要来源于饮食，饮食中含有丰富的蛋白质、脂肪、维生素、糖、无机盐和水 6 种营养素，这些营养素是人体维持生命的基础。人体所需要的热量、免疫物质、抗菌物质、纤维素、微量元素等都是从饮食中汲取的，因此为了保持营养物质的供给，要健康地饮食，均衡地饮食。

均衡的饮食要求人们要少吃那些垃圾食品，不要依赖成品食品，并且少吃含咖啡因或酒精的东西。要选择吃那些天然的、未经加工的食品。"早上吃好，中午吃饱，晚餐吃少"是根据我国人民生活条件结合营养卫生要求而提出来的原则。为了营养均衡，饮食的时候要注意以下问题：

1．热量与各种营养素既要供给充分，又不要过量，以避免肥胖；

2．尽量多吃一些新鲜蔬菜、水果，最好吃当地当季盛产的蔬菜和水果；

3．尽量增加食品种类防止饮食单调；

4．每餐不过饱，忌暴食暴饮，养成饮食定时定量的好习惯。

■ 健康第三步，充足的睡眠

"充足睡眠不熬夜，健康的体魄来自睡眠"，这是科学家新近提出的观点。没有睡眠就没有健康，睡眠不足，不但身体消耗得不到补充，而且激素合成不足，会造成体内环境失调。睡眠不足，意味你早上醒来会很疲劳，而且这样会降低你大脑的效率，因为身体和意识的重要修复都是在睡眠过程中进行的，人在睡到 8 个小时的时候，会有一个小时的眼球急速运动睡眠——大脑自我修复的睡梦时间。你睡眠时间越少，你的大脑自我修复的时间就越少。

睡眠还左右着人体的免疫能力。当你生病的时候，你会感觉格外疲倦，这就是身体向你发出的信号——你需要睡眠了。你的能量在睡眠中得到恢复时你的免疫系统才能更好地工作。

遭受失眠折磨的人总是很烦躁，他们的精力、自信和心境全都受到影响。当你努力建立起一个符合自己的有规律的睡眠模式时，你就会发现身体状况和精力水平都明显地得到提高。

以下是几种行之有效的保持良好睡眠的方法：

1．少喝含有咖啡因的饮料，在睡前 4 个小时内不要喝咖啡、茶或其他含咖啡因的饮料。因为这些东西会刺激你的神经，让你更加清醒。

2．少饮酒。睡前饮用少量的酒对睡眠有一定的放松作用，最好还是不要在临睡时喝。过量的酒会干扰睡眠甚至导致失眠。

3．听轻音乐，如一直工作到就寝或看完某个激动人心的电视节目和惊险小说之后才睡，这会令人过于兴奋，不能很快进入睡眠，这时你可以再放一些轻音乐，它具有很好的催眠效果。

4．把你的卧室布置成一个让你轻松愉快的地方。查看一下你的床是否柔软舒适，你的房间是否安静，看它是否适合睡觉和休息，最好不要把电视机放在里面。

如果你希望自己健康，就必须重新估价睡眠对健康的作用，睡眠毕竟是人的生活节奏中一个重要的组成部分。

■ 健康第四步，锻炼身体

健康源于运动。可有些人把运动等同于去健身房或培训班，这样势必会产生一种极端的观点——要么去做一些有组织有计划的锻炼活动，比如去健身房或舞蹈班，要么干脆什么也不做。其实，运动的方式有很多种，在家里锻炼是运动，做你喜欢的事情：游泳、跳舞、骑自行车，也是运动。

如果你想专门做运动，就增加散步的机会，凡是能够不坐车的时候就不坐，在去超市或菜市场回来的时候就把购买的东西拎回来，这些重量可以增加散步的效果。

你还可以经常爬楼梯，国外有人把登楼称之为"运动之王"。上下楼梯可以增强腰部和腿部肌肉的力量，使双腿变得强劲有力，还可以保持关节的灵活性。上下楼梯时全身都在运动，可以加速血液和淋巴循环，增强动脉的血流量，并且使肺活量增大。

你可以根据自己的身体健康状况，选择适合自己的爬楼梯锻炼方式。

一些人不能坚持锻炼，是因为他们讨厌每天不变的例行程式。如果你也是这样的人，建议你可以通过引进多种方式的运动来使你的锻炼变化多样，在不同的时间做一些不同的事情来保持高昂的兴致。在周末约朋友一起去爬山，或和爱人晚饭后在小径上散步……这会提高你的运动的兴致。

锻炼身体，不仅可以保持身体健康，也可以减轻抑郁或缓解压力，你会感觉自己获得了生命控制权，这样能提升你的自信。

你一定要关注自己的健康，对自己的健康负责。医学专家只会来修复你对自己的损伤，而不会告诉你怎样避免问题的出现。没人比你与你的健康状况更利害攸关，你是唯一一个密切注意自己健康的人，并且只有你知道生活中哪些不良嗜好和习惯会影响到你自己的身体，能改变它们的也只有你自己。

健康对你意味着很多：健康是自信的身体要求，是你乐生活的保障。所以，你一定要对自己的健康负责。

保持充沛的精力

当你打算去做某一件事情的时候，自我感觉一下你的精力状况如何，检查一下自己还有哪些担忧？你可以这样想象一下，自己正在讲演或是走进老板的办公室要求晋升，或是要应付一个曾经散布谣言重伤你的家伙。如果这些是你不愿意面对也没有把握去应付的事情，你会立即觉得精力衰退、情绪萎靡。持续下去，你的情绪会更加低落、沮丧，也会表现得很不自信，甚至使你精力枯竭。反之，如果面对某种情况，你能充满信心并且对自己有十足的把握，你就会感到精力旺盛。

理解力不强也是精力缺乏对信心有所影响而造成的结果。吃过早饭之后，如果在你感觉精力充沛的时候让你去处理一个有难度的工作，你会很乐意去挑战。而同样的任务在你经历了一天的辛苦工作，感到又累又困的时候出现在你的面前，你就会感到无所适从了。

当你精力充沛的时候，几乎没有什么完成不了的工作或任务。因为你的热情高涨，力量倍增，可以轻松自如地解决一些生活工作中的实际问题，所以，有难度的工作和问题看起来也就没有那么难了。当你筋疲力尽时，即使是一个小小的问题看起来都会像一座大山，它会把你压得喘不过气来。

保持充沛的精力对你的健康和精神有着极大的影响，甚至影响到你做事的信心。

充沛的精力对你的生活如此重要，那么，你该如何才能保持充沛的精力呢？

首先，就是要经常休息，在你感到疲惫以前就休息。第二次世界大战期间，英国首相丘吉尔已 60 多岁了，却能每天精力充沛地工作 16 小时，他的秘诀在哪里呢？他每天早晨在床上工作到 11 点，看报告、口授命令、打电话，甚至在床上召开会议。午饭之后他还要睡一个小时，晚上 8 点晚餐以前，他还要在床上睡两个小时。他这样做并不是消除疲劳，而是事先防止。因为时常休息，所以他能够精力充沛地工作到午夜以后。丹尼尔·何西林在他的《为什么会疲劳》一书中写道："休息并不是绝对地什么都不做，休息就是修补。"经过短短的休息，就能很快地恢复你的体力。

第二，每天与自己定个约会，花半个小时去做自己真正喜欢做的事情。如果你一下子不知道什么是让你开心的事情，你就花时间把让你感到开心、愉悦的事情写在纸上。列在纸上的事情就是你个人的力量源泉。比如你可以想象一下，你喜欢做些什么事情来自我消遣呢？看一部喜剧电影；在家做菜；和爱人度过一个浪漫的周末；和朋友出去游泳；打电话和好友闲聊；读自己喜欢的小说，吃自己喜欢吃的零食。不管你选择什么，只要它能保证提供你个人满足和快乐就可以了。从你所列清单中找出你可以定期去做的事情，能够把它纳入到你的日常生活中去，这些项目不会费太多的时间或金钱。

今天或现在你能做什么呢？从清单中选择出那些你最容易开始实施的项目。

当你感到被工作、家庭或朋友的要求压得喘不过气来时，很容易就忽略了自己的需求和生活。每天给自己保留一段时间，这样会让你收到意想不到的效果。

第三，随时放松你自己，使你的身体软得像一双旧袜子。如果你不像一双旧袜子，像一只猫也可以。你是否抱过在太阳底下睡觉的猫？当你抱起它时，它的头就像打湿了的报纸一样塌下去了，如果你想要放松，应该向在太阳底下睡觉的猫学习。只要学会像猫那样放松自己，你就不会疲惫了，也就有更充沛的精力去做事情了。

最后，选择不看重结果的自我享受。你的一些行为可能是纯粹的自我放纵，那对你个人的精力恢复有着不可忽视的效果。比如，当你在全力以赴地减肥的时候，如果你考虑后果的话，你吃美食的愉悦会在一定程度上减少。这时，你就会发现自己最容易想到的享乐方式也就是过去经常给你制造麻烦的习性。当时这些习性对你是一种诱惑，所以，你需要认真考虑一些其他的事情，你更有可能去做一些高质量、给你带来快慰的选择。

　　泰德非常热衷于个人的精力修复，她告诉自己说："因为我配这样做。"于是她会很习惯地给自己买很多东西——衣服、化妆品、红酒等等。她由此成了月光族，尽管购物让她当时感觉很舒服，但结果却增添了她的烦恼。于是，她就想出一些不花钱的事去做，这对已经习惯购物的她来说确实是一个挑战，不过，最终她还是想出了一些事情去做。其中最有效的就是在晚上画画。她是一个很有天分的素描画家，但从来没有抽出过时间画画。画画给了她非常强烈的愉悦和满足——远比为自己买东西的当机立断要多得多。

　　也许会有人担心，这样做不是很自私吗？他们认为纯粹为了让自己愉悦而去做某些事情终归不怎么好，甚至有的人还在某种程度上感到很不自在。郭琳尤其为这一点担心。作为一个部门经理，她认为自己应该包揽下所有的工作，但作为一个孩子的母亲她又感到自己很失职。把她手中的权力下放给员工，她不放心，担心他们做不好，但她又需要更多的时间和她的女儿在一起，因为她的女儿有些自闭。郭琳的生活被安排得满满的，她完全没有个人的时间。她和丈夫也没有共同话语，她很容易发怒，她的生活变得很糟糕。

　　经过心理咨询，她决定放松自己，善待自己，并且补充精力，做自己真正喜欢做的事情。她说她很希望有一段独处的时间，半个小时的散步就可以了，这足以让她理清头绪。她还想参加一个舞蹈班，再一次把自身的天赋好好地利用一下，在青少年时期她是一个很有实力的体操选手。这样就意味着她将会减少放在办公和家庭的时间。她和丈夫商量了一下，她去舞蹈班的那个晚上丈夫在家照看孩子。半小时散步的安排更容易了，她告诉丈夫说晚饭后的定时散步对她来说是多么重要，她的丈夫很惊讶，对她来说如此重要的事，她怎么从来没有做过。丈夫很快就答应在她散布的时候在家看孩子，并对她的散步毫无怨言。

　　现在，她感觉自己更加放松，更有活力了。当她有时感觉自己疲惫不堪时，她一下子就会想到舞蹈班，还有晚上的散步，这就足以让她感觉放松了很多。当郭琳改变了自认为"自私"的看法并采取了行动之后，她对丈夫温和多了，对她的女儿也更有耐心了。在家庭上少花一点时间，做些更让自己感到舒适的事情，她的内心更加平和，更富有爱心，更宽容地与家人相处了。信心的增强也让她的工作取得了更大的促进，现在她从根本上改变了自己的工作模式，学会把权力下放到员工手中，自己只需要把个人经验交给他们，他们就能做得和自己一样好。她在下属中享有更高的声望，他们更加敬重她了。

学会保持精力充沛的方法后，你还需要了解到底是什么在消耗你的精力。现在想象你有一个内在的精力储备库，它就像一个充满气体的气球一样，没有任何的漏洞，一旦出现了漏洞，你的精力就会像里面的气体一样马上消失。你总是在利用自己的精力，所以，你要定期地往你的精力气球里储存注入新气体。你可以通过思考这样的问题来定期检查你的精力状况：

我的精力气球上是否有漏洞？
漏洞在哪里？
如何才能储备更多的精力？

生活中总有一些小事情令人烦恼，有时也许是较大的事情：如工作上的事情、人际关系、经济危机，等等。无论是大事情还是小事情，所有这些都会消耗你的精力。这时你就需要详细地把它们列出来，并且着手逐一应付。解决一系列耗费精力的事情也会费很多精力，但这样做却能为你提供解决真正棘手问题的动力。每解决一个问题就意味着补上了一个消耗精力的漏洞，你堵上的漏洞越多，你的精力就会越旺盛。

现在我们进行这样一个练习，它可以让你迅速摆脱萎靡疲惫状态，浑身充满力量。如果每天坚持练习，你就可以让自己时刻充满活力，精力充沛，你树立自信的速度就会增快，当然，你的心情会更加愉悦，更加积极。

第一步，请回忆那些让你感觉非常开心、精力充沛并能掌握主动权的情景。

第二步，在镜子面前去观察自己：看你的头是如何倾斜的，脸上的表情如何，身体是紧张还是松弛。

第三步，请你注意自己的心理活动，想一想在那样的情景你的想法如何？最好是对你进行积极的暗示："我很棒！""生活太美好了！""我很为自己高兴！"

通过这样的三步，你马上就能进入精神振奋的真实状态：脸上绽开了笑容，昂首挺胸，身体松弛，甚至会跳起来。你的脑袋里是不是一下子就充满了积极向上的想法？

当你坐在办公桌前还不到两个小时，你就感觉受不了时，请你调整一下坐姿：把身体坐直、放松，把一直低垂的头挺起来，肩膀向下松沉。这样，你立刻就会感觉到浑身是劲，心情也就豁然开朗起来了。

善用头脑中的催眠师

当你第一次尝试在很多人面前做演讲时，你是否对自己说过这样的话："我相信这是一件很有趣的事情，我能够做好它。"或者你会对自己说这样的话："在这么多熟悉的人面前讲话，我害怕出了问题被他们笑话，我可做不了这事"，"你以为自己是谁"，甚至说："我也许不应该去尝试——根据以往的经验，无论如何，我也成功不了。"

每个人头脑中都有一个催眠师会在关键的时候对我们说上面的某句话。

你的大脑对你所做的暗示将对你的生活产生巨大的影响。你或许经常对自己说："嗯，我喜欢她这种性格稳重的人"，"记得一定要给李兰打电话"，或者"车来了，快躲开"。这样的暗示在生活中随处可见。其实，这些暗示就是我们自己的心声，它们在大多情况下是在头脑中无意识形成的，如果我们有意识地培养它们、利用它们，它们就能够为我们指引生活的方向。

人们的头脑中的意识会产生一种"心理导向效应"，即人的内心都会有一种强烈的接受外界暗示的愿望，并让自己的行为受其影响。大多数情况下，我们会用暗示语来帮我们解脱困境或放弃尝试的机会。比如，在开会的时候，可能你心里有个声音会对自己说："保持沉默！不要让自己引起别人的注意！"在你正为出席晚会做精心准备时，你的心里又有一个声音对你说："你看上去又老又胖，不会有人喜欢你的，别再费心思了。"或者当上司分派给你一份重要的任务时，它可能又会对你说："哎呀，专业性这么强的工作，我可做不了。"大多数人都在不停地给自己进行消极的暗示，从而破坏自己情绪，让自己不敢尝试没有做过的事情，可是，等别人做成功的时候，又会为自己为什么要放弃而困惑。

为什么会有人在初次尝试新事物时不能在内心进行自我肯定呢？那是

这些人胆小、懦弱、害怕被拒绝。为了变得更勇敢一点，为了再自信一点，我们就要好好利用头脑中的催眠师，不停地对自己进行积极的心理暗示，进行自我肯定。好话出口不费力，自我肯定就是让我们利用头脑中的催眠师与自己进行心灵对话，在了解自己、相信自己的基础上，不断强化自己的优点，肯定自己的智慧和作用，从而战胜自卑，增强信心。

我们不仅每天要对自己大声地说赞扬的话语，也要在内心确信自己确实如此。如果你仅在语言上对自己肯定，而心里却认为自己一无是处，你内心所做的暗示永远都会居于上风。所以，只有从内心上先肯定自己，从语言上激励自己，你的大脑才会跟着变得更积极，你就会更有精力。

第二次世界大战期间，苏联有一位天才的演员，名叫毕甫佐夫，他平时说话的时候总是口吃，但是当他演出时却能很好地克服这一缺陷。他所用的办法就是进行积极的自我暗示：他暗示自己在舞台上说话或做出动作的那个人并不是他，完全是另外一个人——剧中的角色，那个人说话是很流畅的，一点也不口吃。

与积极暗示相对应的是消极暗示，消极暗示对一个人的负面影响是很大的。有一个人在家进入冷藏室后被无意地关在里面，他顿时极度紧张，想着自己会被冻死在里面，越想越怕，越怕就感觉越冷，最后被"冻"得缩成一团，竟然在惊恐中死去。可事实上当时冷冻机根本就没有打开，冷藏室的温度并没有冷到能冻死人的程度。这个人其实不是被冻死的，他是死于自己的心理暗示。他总是想着"我快要被冻死了"，他一遍遍进行着自我暗示，结果真的冻死了。

既然自我暗示对人的影响如此之大，那么我们该怎样通过积极的心理暗示获得自信呢？

现在设想一下，一个不太熟的朋友住在你家里，不停地以主人翁的态度和指导的口吻，针对你的个人以及你的生活提出这样或那样的批评，你非常气愤，想要把这个人驱逐出你的家门，让他远离你的生活。对于这个问题你会考虑多久？你在内心是这样说的吗："我必须马上把这个令人讨厌的家伙赶出家门！"还是这样对自己说："反正他也住不了几天，忍一忍吧。"

你的大脑的想法将完全支配你的行为，如果你头脑中的想法并不支持你，那么你就需要改变自己的想法了。所以，为了有效地进行积极暗示，我们首先要做的就是改变那些毫无益处的自我评价。

下面进行这样一个练习，仔细聆听你的内心独白，注意你对自己的评价，尤其是你给了自己多少的消极的暗示。你把这些消极暗示写下来：

我的相貌太一般了，不会有人喜欢我的。

我是一个没有自制力的人。

我不是讨人喜欢的人。

我总是胆小怯懦。

天哪，我真是太胖了。

然后，你要做的就是把这些念头从你的头脑中剔除出去。无论何时你在大脑中想到了任何关于自身所做出的消极暗示，你都要立即摈弃它们。这样做并非建议你把自己伪装成一个完美的人，而是要采取行动把这些消极的自我暗示从你的内心删除，因为你经常说的那些消极暗示会对你的自信心产生消极的影响。你完全可以控制自己的说话方式，如果其中一些消极的话语不经意间闯入你脑海中，就请你把音调降低直至它们消失为止。

当你以一种肯定的态度对自己讲话时，你将会变得积极。每天都对自己进行肯定，进行赞美，不断地激励自己，改善对自己的评价，你心里的验证者就会去收集证据来证实你的想法。当你的行为证实了你的想法时，你会感到心情愉快，你会更加有力量，更加自信。

林虹热情洋溢地尝试着这种做法。每天早上醒来，她都在床上边蹦跳边说："我是一个身体健康、工作出色的女人。"结果她发现，这样做真的可以让她一整天都信心十足、情绪高昂，当然，工作也完成得很出色。

遵循以下 3 个原则，再加上自己树立信心时所用的实际行动，积极心理暗示会让你增强百倍的信心。

■ 第一，始终以现在时态而不是将来时态对自己进行肯定

例如应该说："现在我很快乐"，"现在我很漂亮"，"我要享受今天上帝赐予我的一切"，而不要说"我将来会很快乐"，"我将来会很漂亮"，"我将来要享受上帝赐予我的一切"。

■ 第二，满怀信心地说出最好的自我评价语

无论是大声地说出来还是在心里默念，你都要确信你的语调是肯定的，能够充分放映出所传达的信息。如果你以一种略带歉意的语调对自己说"我再也不能偷懒了"，就显得不够有力。"我越来越勤奋了，越来越能干了"，你要充满力量，又信心十足地讲出来。这样做可以保证我们总是创造积极的形象，如果你告诉自己要享受今天美好时光，那么就请你情绪振奋、充满享受地说出来。

■ 第三，自我评判语要简短

因为自我评判语越简短，越有力量，也就越有效。自我评判语应该是能传达出你强烈情感的清晰表述，例如"我能"、"我真棒"。

为自己设定一个实验周期——如两三天或一个周——然后看看自己的内心是否有变化。

现在，我们运用以上的技巧进行练习，这些练习将会帮助你利用头脑中的催眠师，利用内心独白的积极力量来增强你的自信。今天，在实践了这些技巧后，在接下来的一周里请继续保持练习，直至这样的练习成为你的一个习惯。我们通过指导你无意识的思维，让它们对你进行积极的心理暗示，这将会使你成为一个自信的人。

在开始进行练习之前，你需要找出你的内心独白是什么。请你花几分钟时间思考一下你过去通常给自己所做的消极暗示，诸如：

"我不是非常自信的人。"

"我害怕演讲。"

"我永远都找不到与我相爱的人。"

现在，请你静下心来，放松自己，假如你现在非常自信，想象你说话的声音是什么样子的？是比往常更响亮还是更柔和？是否比往常更加清晰，更便于让人倾听？声音是更强还是更弱？你的语速是更快还是更慢？是否更流利？

无论你自信的时候声音听起来是什么样子的，现在开始利用想象中自信的你说话的方式来将上面的消极暗示转化为积极暗示：

"我本来就是十分自信的人。"

"我的讲演非常精彩。"

"我很快就能找到与我相爱的人。"

然后，再用自信的你所拥有的语调去重复这些积极的暗示，并且想象已经获得了自信的你会有哪些动作和行为，想象你在大家热烈的掌声中进行讲演，想象你与所爱的人在一起共度美好时光的情景。当你以一种十分自信的声音对自己说些积极肯定的话语时，并想象成功的景象时，感觉是不是就完全不同了？你的生活中充满了希望和快乐，你本人也充满了活力和信心，不是吗？

请记住，你的行为造就了你。坚持练习并以积极的方式对自己讲话，直到积极的暗示压过消极的暗示。

利用想象力提升自信

高尔夫球最伟大的球员杰克·尼克劳斯这样说："如果大脑中没有一个非常明确清晰的图像，我绝不会在比赛中击球。"由此可见，想象的力量是巨大的。

我们每个人都具有想象的能力，现在我们可以做这样一个实验，请你回答以下两个问题：

1. 你家的墙壁是什么颜色的？

2. 你家卫生间的镜子在哪个位置？

为了回答这两个问题，你不得不去想象，并在头脑中构建一幅关于你家的图像。这些图像不会像照片那样清晰，但这没有什么。

现在请你回忆一些让你感到十分快乐的事情。想象你已经置身于当时的环境中，请注意你在当时的环境中所看到的人和物，还有你所听到的话语以及你当时所感受到的一切。同样的情景你多回忆几次，你就会发现，每次你都会想起一些新的细节……

现在你可能感到十分美妙：仿佛又回到当时的场景，你还是如此快乐。其实原因很简单：我们的神经系统无法分辨现实与想象的差别。当我们回忆快乐的往事和经历时，我们就可以重新感受到快乐。现在快乐的感受与以往的开心经历是可以紧紧联系在一起的，并且你回忆的次数越多，头脑中的快乐影像便会越大，甚至比你当时实际经历影像还要大些。那就让它再大些，再亮些。

你在头脑中多想象一下快乐的事情，你的情绪就会不自觉地高昂起来，你就会快乐很多。同样对未来生活的美好想象也能让你每天生活在快乐中，并逐步增强自己的信心。

舒伦与丈夫离婚后，独自带着两个十几岁的孩子一起生活。离婚曾经让她对婚姻非常失望，但一切过去之后，她希望自己能遇到一位满意的男士，重新开始幸福的婚姻生活。她经常这样想象着她与那位男士在一起的情景：周末两个人一起在乡村度过，而且相处的时光非常快乐，比如两人一起去散步、欣赏乡村的农作物、做饭等。她还想象到这个男士的方方面面：有着广泛的兴趣，性格宽厚，有风度。她还想象到两个人一起在她家里，周围安静而又整洁，放着她喜爱的音乐，他们情投意合地聊着天。

这种生活在她的想象中是如此明确，她的生活也因此充满了浪漫。她把自己的房子重新装修了一番，与想象中的一模一样，以此作为自己的心灵小屋。她想象中自己与那位男士在一起是怎样快乐地生活，她现在就怎样生活，无论是独自一人，还是与朋友相伴，她都这样自我享受着生活。

事实上，在两年之后，她才遇到自己想象中的男士，是通过朋友介绍认识的。但是，通过自己对未来婚姻生活的幸福想象，她这两年的生活要比以往快乐得多。

她没有因为没有生活伴侣而感到窘迫和不满，而是通过想象力创造出一种更加充实的生活模式，因此她变得更有魅力。这位男士也像她想象中的那样，几乎是样样都合她的心意。虽然他的样子并不是通常能够吸引她的那种，但是，除此之外，他的很多方面都符合她的想象，他们很快就坠入了爱河，并且如愿以偿地结婚了。

如果舒伦总是在唉声叹气中回忆离婚给自己带来的痛苦，那么她在离婚后就不可能过着快乐的生活，更不用说马上进入第二次婚姻了。道理很简单，如果一个人总是回忆痛苦的经历，他就会重新遭受到痛苦的折磨。

那么该如何摆脱过去痛苦的回忆呢？也可以通过想象，只不过这次是让痛苦画面中的影像变暗、变小，直至消失。现在，请你回忆一次稍微不愉快的经历。请开始这样的想象：让你自己从当时的情形中独立出来，把画面向前推进，这样你可以清楚地看到当时的情景。你距离画面至少有 10 米远，将画面缩小，并且去掉颜色，直至画面变成黑白色。当你看到画面中的自己时，你可以将所有发生的事情完全淡化，直到这段经历成为十分模糊的一部分，甚至消失。

所有取得冠军的运动员都将想象作为一种有意思的训练工具，他们总是利用积极的想象，不停地在头脑中上演自己赢得一场又一场比赛的场景，这样他们自己在锻炼的时候能够情绪高昂地进行，身体散发出的力量也增大许多。

你应该像那些冠军一样逐渐了解到自己内心世界的力量，意识到每天你自己也会在大脑中上演很多小电影，而这些电影的内容将影响着你的情绪，进而决定着你的自信程度以及以后的行为。比如：你正在准备做个报告，如果你大脑中总是进行这样的想象：你看起来有多么紧张，并且总是忘记接下来要说的话，这种种失败的场景会让你产生恐惧心理，你就会感觉到自己做报告不会成功，以至于害怕做报告。

如果你在大脑中想象的是这样一幅情景：一群友好的听众被你的讲话所吸引，你妙语连珠，滔滔不绝地讲出许多精妙绝伦的故事，你充分地调动了听众的热情，他们不断地给你掌声。经过这样的想象，你将会有信心做好要做的报告，并且都有点迫不及待了。

利用想象力可以提升我们的自信，这是有科学依据的。当你头脑中的想象与行动协调一致时会引起大脑中的某些神经系统的物理变化，这意味着你只要努力，通过大脑进行积极的重复想象与熟练的练习就可以通往成功之路。美国著名的橄榄球教练文斯伦巴蒂执教绿色海湾派克斯队之时，他所做的第一件事就是让学员反复回忆自己最为成功的比赛，并让他们不停地观看他们最成功的比赛，并且只看那些最成功的部分，然后，再让他们充满激情地想象成功的场景。通过这样的方法，绿色海湾派克斯队赢得了超级圆满的比赛，并成为美国橄榄球历史上最伟大的球队之一。

现在，你看到了想象力的作用了吧，它确实可以提升你的自信，改变你的行为。让我们做一个想象力练习，你会发现，经过这样的练习，你的自信力会马上得到提升。

现在请设想一下你自己正在观看一部关于自己未来的影片，是一个关于更加成功的你的影片。请注意成功的你身上所表现出的每一个细节：脸上的表情如何？身体的姿态如何？眼中的目光如何？

第一步，当电影在你面前放映时，你首先看到的是你过去曾经取得的成绩，以及过去成功的时刻，还有许多成绩是你在未来的生活中将要取得的，将来的你将要取得什么样的成绩，你都可以在影片中看到。挺直你的腰板，好好欣赏成功的你吧！

第二步，当你做好准备时，请你想象自己慢慢地从座位上站起来，变成屏幕中那个成功的你。观察他自信的眼神，聆听他爽朗的笑声，并且感受那个成功的你激昂的情绪。让你周围的色彩更加明亮些，让你的声音更大些，情绪更激昂些。

第三步，请注意，当你感觉到身体某些部位成功的讯号更为强烈时，增强其色彩。比如你的眼睛炯炯有神，那么就将主要的色彩集中在你的眼睛中，并且把这种颜色高过你的头顶，再沉到你的脚下。让你身上的这种色彩的亮度再强些，再次调节亮度，使之更强。

回到现实中，现在的你肯定拥有一种自然而又强烈的自信，因为你就是一个成功的人。这样的感觉真的很美妙，不是吗？

只要你愿意，你可以反复观看有关自己成功的精彩片断，但是要特别注意，你要把这个步骤当作每日自信训练的一部分，有关每日自信训练的内容，你将会在本章最后一节学习到。

通过下面的想象你可以取得更理想的效果：你可以想象在每次放映前你都会把一张贴上标签的 DVD 放到影碟机里，放映结束后再取出来。你想象得多么逼真都不为过，如果你能把关于你的成功的电影写成一个故事，在闭上眼睛开始想象之前大声朗读出来，效果会更好。

以下是两个小窍门，是制片人经常会在现实中用来给自己的影片增加看点的窍门，你也可以这样试着想象。

添加美妙的音乐。许多运动员都会在比赛前听那些让他们情绪高涨的摇滚乐使自己达到一个最佳的竞技状态。你也可以通过为你的"电影"配乐让你更加"入戏"。

使用明亮的颜色，并且使用放大的、粗体的、可以慢慢移动的形象作为电影中的场景。这就好像是在大屏幕上欣赏慢动作的影片，这要比在一台小的黑白电视机上更清晰些，更有意思些。

当你熟练地想象自己是如何的成功而不是失败的场景时，你的信心会增强，而你的行动将会如你想象中的那样有力，有效。这样坚持下去，不久，你的行为将会随之改变。你就可以轻松自在地用充满自信的目光重新审视自我，你就可以大胆地去追求你想要获得的一切。

借鉴他人成功的经验

你希望成为这样的人吗？自信、乐观、开朗、有创造性、有说服力。希望成为一个杰出的高尔夫球运动员或成为一流的推销员？这些人都需要学习和掌握一定的技能才能达到人们心目中的标准。只要有人能做到，你也同样可以做到，即便你认为一些人比你更聪明，更有天赋，更加幸运，不管做什么，他们都能做得很好。

其实，只要经过一系列的训练，形成特殊的思维方式和行为，直至这些思维方式与行为成为一套自动的"成功模式"，你也可以成为像他们那样的人。

"网球皇帝"安得烈·阿加西在他出生的那天，睁开眼睛，看到的就是毛茸茸的、绿色的一个网球，他的父亲从他出生的那一刻起就有意识地培养他。

他的婴儿车篷上放着一只球拍，球拍上系着一根绳子，绳子的另一端拴着一个绿色的网球。他的父亲晃动着绳子，试着让他的眼睛随着网球移动。

另一个球是一个装了一半水的气球，从父亲的手中飞向小阿加西的婴儿椅。刚刚1岁的阿加西挥舞着球拍——一个劈得很薄的乒乓球拍，用它拍打着气球。15比0，他的父亲说。

又一个球。一个排球的球胆，轻得足以让一个孩子挥舞着迷你网球拍来回追打。从那个时候起，他便想要成为一名伟大的网球运动员。所以，他成了美国的网坛奇才，成为网坛上的不老传奇。

人并非天生就具有说服力，具有创造性，或者生下来就是伟大的网球运动员——他们是通过一个简单的两步曲成功的。

第一步：借鉴或参照成功人士的经验，向他们学习成功的方法。

第二步：重复练习某种技能，让它成为你生活中的一种习惯。

当你还是蹒跚学步的时候，你就会观察父母亲走路的方式，然后试着去模仿。当然，在你最终学会平衡之前，你会跌倒很多次。就走路而言，从本质来说，你只是在模仿父母亲的行为，并不断进行练习，直至你能完全独立行走为止。

如果学习做一道菜，你会观察他人是如何配料的，并在大脑中建立起一个做菜的模式。然后，你会在实践中按照你头脑中所形成的模式去做菜，直到你可以完全熟练地做那道菜。实际上，真正可以迅速地加快成功的过程的方法就是主动地去学习，主动地演练这个过程，直到自己完全掌握为止。

当一个人想要了解并理解某人做事的方式时，都是先对此人进行认真细致的观察，观察他说话的方式，处理事情的方式，然后模仿他的行为。如果你想向富爸爸学习如何投资，在一项投资开始之前，就假定自己是富爸爸，走入富爸爸的内心，并使用与他相同的思维方式来思考自己的投资项目，你会想象富爸爸在这样的投资面前会做出什么样的分析，会有怎样的行为，然后你就会按照他的思想方式和行为方式来指导自己的思维和行为方式。当然，通过模仿心目中偶像的自信也可以帮你建立自信，你可以想象自信的他会说些什么话，会有什么样的姿态，会有什么样的表情，你通过学习模仿他自信时的种种行为，也会变得自信起来。因为人的大脑是与行为紧密相连的，如果你以自信的思维支配你的身体，你也将拥有自信，拥有积极的思想方式。

那么，该如何寻找值得学习的偶像呢？名人传记是帮助你建立起自信的最好的老师，因为那里面的人物可以作为你的偶像，激励你的内心。榜样的力量是无穷的。卡耐基讲过这样一个故事：艾文·班·库柏是美国最受尊敬的法官之一，但他小时候却是一个懦弱的孩子。他的父亲是一个移民，以做裁缝的微薄收入维持全家的生计，他们住在密苏里州圣约瑟夫城的一个贫民窟里。天冷的时候，为了家里取暖，库柏常常拿着一个煤桶，到附近的铁路边上去捡煤块。年幼的库柏为必须做这样的事而感到困窘，因此，为了避免被那些放学的孩子们看见，他常常从后街溜进溜出。

即便如此，那些孩子还是时常看见他。有一伙孩子经常埋伏在库柏从铁路回家的路上，在库柏捡完煤块回家的时候袭击他，常把他的煤渣撒得遍街都是。年幼的库柏经常流着泪水回家，那时候，他总是生活在恐惧和自卑的状态之中。

此时，库柏读了一本书，内心受到了极大的鼓舞，从此开始在生活中采取积极的行动。那本书名为《罗伯特的奋斗》，是荷拉修·阿尔杰著的。在书里，库柏读到了一个和他有着类似经历的少年的奋斗故事。那个少年在生活中遭遇到巨大的不幸，但是他以非凡的勇气和道德的力量战胜了这些不幸。库柏也希望自己具有主人公的那种勇气和力量。

于是，他读了他所能借到的每一本荷拉修的书。当他沉浸于书中的时候，他就进入了主人公的角色。整个冬天他都坐到寒冷的厨房里阅读关于勇敢和成功的故事，不知不觉地汲取了积极的心态，也汲取了信心的力量。

读了第一本荷拉修的书之后的几个月，库柏又到铁路上去拣煤渣。从很远的地方，他就看见3个人影在一所房子的后面飞奔。他最初的想法是转身就跑，但书中主人公勇敢奋斗的形象很快地闪现在他的脑海中，"我一定要像他一样"，幼小的库柏把煤桶握得更紧，迈开大步一直向前走去，好像他就是荷拉修书中的那个英勇少年。

一场恶战开始了，3个男孩一起冲向库柏。库柏丢开铁桶，坚强地挥动双臂，进行顽强的抵抗。这3个恃强凌弱的孩子大吃一惊，他们没想到这个胆小的男孩会反抗。库柏的右手猛击到一个孩子的嘴唇和鼻子上，左手则往这个孩子的胃部打去。这个孩子停止了打架，转身逃跑了。这个孩子的逃跑使库柏大吃一惊。同时，另外两个孩子正在对他进行拳打脚踢。库柏设法把一个孩子推开，把另一个打倒在地，用膝部拼命地袭击他，而且发疯似的揍他的腹部和下巴。最后，只剩一个了，他是另外两个的头儿，他已经跳到库柏的身上，库柏用尽力气把他推到一边，站起身来。两个人就这么面对面站着，互不相让，狠狠地瞪着对方，大约有一秒钟。

后来，这个小头头一点一点地退后，然后拔腿就跑，气愤的库柏又捡起一块煤渣朝他扔了过去。库柏这时才发现鼻子挂了彩，身上也青一块紫一块的。这一仗使年幼的库柏克服了恐惧，这一天也是他一生中重要的一天。

班·库柏并不比去年强壮多少，欺负他的那些坏蛋也和往常一样的凶悍，一点没有收敛，不同的是他的心态已经有了改变。他已经学会了克服恐惧、不怕危险，因为书中的英雄少年一直在激励着他，他也一直向英雄少年学习去战胜那些坏蛋，他果然做到了。

　　向成功者学习，是人们走向成功的捷径。如果想要获得自信，那就要学会自信，这也是人们获取自信的捷径。一个成功的演讲者，在开始讲演之前，总会先拿到一堆有关人物的录像，这些人都是他认为在演讲的时候十分自信的人，他们都是个性十足的人。他会在所有不同类型的个性中，找出自己最欣赏最有自信的一个人。然后按照他们的方式锻炼自己，直至自己也像他们一样。

　　现在我们开始这样的一个练习，假如现在看这些录像的是你，请你放松自己，闭上眼睛，并且在大脑中找出一个榜样——他十分自信地站在演讲台上进行着他的讲演。

　　请你一步一步地走进他的身体，用和他一样的姿态站立，像他一样挥舞着自己的手臂，用和他一样的语速和声调开始讲演。

　　你现在成了自己的偶像，环顾四周，问你自己：他们会怎样看待你的世界？对于自己的生活状态，现在的你会有什么看法？你会说些什么？

　　好好地体验一下，你会发现，一旦你开始以这些成功人士的行为方式来处理问题时，一切都变得十分容易，变得十分简单。这种简单的行为使你转变为具有另外一种思考和表现方式的人。

　　是不是发生了令人惊讶的变化——你感觉身上充满了力量，也充满了活力与自信。一旦体验到这样做的力量，在你需要的时候，你都可以选择这样去做，好像你就是这样的人。

　　然后，你一再不停地重复着这个过程，利用你的大脑，将他的行为方式深深地印入你的大脑中。过不了多久，你就完全可以站在众人面前开始放松而又自信地讲演了。

　　现在我们开始做第二个练习。在做这个练习之前，想出一个你要模仿的自信而富有魅力的人。给自己一段时间，想象他会在这个时间内向你展示你要向他学习的技能。回忆你的榜样所要展示的特殊技能，重复做几次；如果这样对你来说很起作用，再用慢动作重复一次。

　　现在，请你走近你的榜样，慢慢地走入他的身体，并与他保持相同的姿态。仔细观察他的表情，他的眼神，倾听他说话的声音，感受他身上散发出的自信和魅力。在内心深处回忆他之所以取得成功的技巧，并大致了解他的个人经历。

　　重复做几次，直到你强烈地意识到你已经有所改变，可以像他一样轻松而又自在做着自己所做的事情，你的身体充满了力量，你的自信力在增强。

通过模仿榜样站立、呼吸、微笑、谈话以及行为方式，你将会培养出与他相同的思维方式和心理状态。通过丰富的想象，你的经历会更加生动、更加丰富。

但是，一定要谨慎选择你的榜样——这个过程很重要！

身心合一，获得自信

美国著名女舞蹈家、美国现代舞的创始人玛撒·格雷厄姆说："运动最能展示自我。"这话说得对，因为一个人的心态将会影响他的体态，通过他的外在的体态，人们可以看出他的心态；并且他的体态同样可以影响到他的思想，影响到他的心态。看到一个人步伐轻快地走来，你就会想到这是一个快乐的人；一个弯着腰低着头慢慢行走的人，假如这样的人不是一位年老多病的人，而是一位青壮年，你会想他一定是个沮丧的人。因为人们的行动展示了人们的内心状态，内心的沮丧或快乐都可以通过外在行动表现出来。就像玛撒·格雷厄姆说的那样。再看一下运动会上的冠军，商业场上的巨头，还有出现在颁奖典礼上的影视明星，如果注意观察，你会发现他们有着共同的体态——站得挺直，脸上的表情十分轻松自然，祥和。你会觉得他们是大方而又自信的人。

这一切都说明人的外在行为表现可以反映出人的内心世界。

那么，通过锻炼自己的行为方式是否可以增强内心的力量呢？当然可以，因为它们的作用是相互的。如果你把自己的身心集中于某一点，将会产生巨大的力量，你会感觉自己的整个身心都变得强大起来。日本合气道就注重心灵的训练以求身心统一的境界。合气道的创始人植芝盛平这样说："好技巧的关键是保持你的手、脚、臀部挺直并把你全身的力量集中于此。如果你的身心集中，你便可行动自如。腹部是你身体的中心；如果你的思想也可以集中于此，你将可以通过此力战胜对手，获得成功。"总而言之，就是避免锻炼者力气之间的冲突，而寻求锻炼者之间力气合一，身心合一，故曰"合气"。

很多年前，在一个健康博览会的武术展区，一个身材矮小、其貌不扬的男人说：合气道是一种自我防御的武术，要点就是把全部精力集中在身体上，利用对手的反击力量进行反击，是一种不战而胜的武术。

他见听者不是很理解，就当场演示给大家看。开始，他让一个观众轻轻推他。因为他比那个观众矮了将近 10 厘米，所以，那个观众毫不费力地就推动了他。

然后，他笑了笑说："现在你再推我一次。"那个观众照做了，但是这次不同了——他根本纹丝不动。他让那个观众再用力些，用尽全力，但他还是像树桩一样立在那里，一动不动。

他又笑着说："让你的朋友帮助你一起推。"几个观众一起使出了吃奶的力气，他还是一动不动。甚至当大家一边呻吟一边徒然地推着他时，这个小个子男人还可以沉着冷静地回答着旁人的问题。

最后，大家实在没有力气了，无奈地选择了放弃。围观者问他是怎样做到这一点的。他解释说当我们把注意力都集中到身体的中心——小腹上时，身心都会变得强大。

随后，他让大家回想让自己感到有压力的一件事或一个人，然后，他说："忘记你周围的人和环境，把自己的注意力都集中在腹部的位置。"大家按照他所说的试了试，将自己的注意力直接集中到腹部。他用力推实验者的肩膀，然而被推者却几乎感觉不到。被推者不仅感到身体更加强壮，还觉得自己十分的沉着冷静。当他再让大家想那件让自己感到有压力的事时，大家纷纷说："我不再觉得有压力了，我觉得自己变得很强大，也很有信心。"

通过这样的练习，你也同样可以变得强大自信起来。在做今天的练习之前，我们先试试下面的小实验。

设想在你的脊背上有一条绳子，有人在你的脑后轻轻地把这条绳子向后拉，使你的身体变得越来越挺拔。再设想一下你的头顶上同样系有一根绳子，感觉有人在向上拉绳子，而你的头也不自觉地抬了起来，向前方看。

接下来的几天，以这种新的方式练习你的坐姿以及走路的姿态。通过这个简单的小小改变，你的身体将会向你传达一种全新的信念，昂着头，挺直胸脯，你就会发现，你向他人展示出的是多么自信的你。做完练习之后，放松你的肌肉，这种新的自信的体态将会成为你的习惯，成为你的优势所在。

下面这个练习是专门为你量身定做，供你学习和掌握的。你可以利用这个练习来面对潜在的困境或压力，或者把它当作一个即时的工具，在需要的时候，马上集中自己的身心，获得真实的自信。

在第一次练习之前如果可以得到他人的相助，将会对你很有好处。如果没有人在你的身边协助，你也不必担心，因为独自一人也完全可以做这个练习。

第一步，起身站立，抬起头来，含胸拔背，两肩自然下垂，将自己的注意力全部集中在一点——肚脐下两三寸的地方，大致就是肚脐与椎骨的中间部位。这一点就是练武之人常说的丹田，是身体的中心，也是储存生命力量的地方。如果这样的练习对你有用，继续下去，请把你一只手放在你腹部的那一点，把自己的手指交叉放置在丹田上，会有效果。你也可以想象有大量的能量从那一点辐射出来。

第二步，现在开始回想一个在你生活中令你担忧或者生气的场景，比如工作出了错，要被老板批评。这么做并非要引起你的恐惧，你可以从相对比较小的事情开始练习。如果有人和你一起做这个练习，让他们轻轻地推动你的肩膀，你会发现此时自己的平衡感很容易就被破坏，因为他们一推，你就站不稳了。

请接着回想刚才的场景，给自己的不适程度从 1 分（处于平静状态）到 10 分（处于发狂状态）打分。

然后，将你的注意力集中到那丹田部位，把手放在丹田上，开始引导自己的思维。如果有人和你一起做这个练习，让他们再次轻轻地推动你的肩膀。你会发现他们很难把你推动，很难破坏你的平衡感，因为你已经将你的注意力集中到了丹田那一点上。

最后，集中那"一点"的注意力，回想刚才的情景，注意不适程度慢慢从 10 分（无论从哪一级开始）递减到 1 分。如果有人和你一起做这个练习，他们可以通过轻轻地推动你的肩膀来控制你的注意力，确保使你把注意力集中在那"一点"上。

一直将你的注意力集中在那"一点"上，直到你回想起那个场景时不再感到不适，你可以利用你的"一点"注意力在脑海中预演让自己达到最佳状态的情景。当你真的处于困境的时候，可以使用你的"一点法"确保自己一直都保持平静，并将自己的注意力集中，使自己有足够的勇气与自信面对困境。

培养自信的体态语

选择肯定有力的暗示语会增强我们的信心，使我们拥有更积极的想法，我们也会在这种积极的暗示语下有更出色的表现。同样，改变自己的体态也会影响我们的感觉和想法。

体态语是我们互相交流的方式之一，它通常是不自觉的、下意识的、非语言的。你的坐姿、站姿、手势或脸部表情以及不经意的小动作就告诉了别人你是怎么看待自己的，以及你是怎样回应他人的。在面对面的交谈中，有 65% 以上的信息可以通过面部表情和体态语的其他方面来传递。

大家一定还记得美国的"水门事件"吧。这个轰动世界的丑闻，导致了竞选胜利获得连任的总统尼克松的下台。当时，全世界的电视台都在播放有关这一事件的新闻，当电视中出现记者采访尼克松的镜头时，尼克松总统一边回答着记者的提问，一边随手抚摸着自己的脸颊、下巴。这些微妙的身体语言是尼克松在"水门事件"爆发前从来不曾有过的。于是，谙熟身体语言的专家们，一眼就看出尼克松的这种不自在的行为，便确信在"水门事件"中尼克松是脱离不了干系的，因为他的身体语言已是一份"不打自招"的"供词"。

人的心理和精神状态，无论如何刻意地隐藏，都会在不经意间通过身体的行动毫无保留地暴露出来，会在外表的行动上露出破绽。如果你自我感觉不好，对自己没有信心，你就会通过自身的态语言表现出来。比如，你不自信的时候，一定不希望引起别人的注意，于是就尽量低着头，弓背弯腰。当你走进一个热闹的场合时，你总是急匆匆地悄无声息地进去然后站在角落里或是立即找到一个不太显眼的位置上坐下，四处寻找你所熟悉的人。你的身体给陌生人的感觉就是："我不认识你，不要靠近我！"

与人交谈时，你会用哪些体态语表明你的内心的想法呢？如果你避开与别人目光的交流，双手紧紧地交叉在胸前站着或是手里紧紧地抓着一个包、一个杯子或一本书什么的，那么你的体态语在告诉别人：你对人不信任、有戒备感、你很不自在、拒绝与人交流。别人看到"全副武装"的你也会很不舒服，因此他们会选择很快离开。或者你为了留住他们而表现得过于热情，身体向前倾，不自觉地向前移动，你的体态语就表现出一种迫不及待的样子，这只会让别人想办法赶快逃走。

于娟在她的婚姻失败以后，很沮丧，每天拿食物发泄，结果她胖了很多。她自己也很烦，觉得自己没有女人味了。她这样说："我甚至对一个男人还没有了解就认为：'这是多么肤浅的一个人呀——现在不愿意多看我一眼，但当我身体苗条的时候，可能就会盯着我看……'"

男人们确实离她远远地，但是男人们远离她与她自身的胖瘦毫无关系，而是因为她那极富戒备和不可冒犯的身体语言，让她周围的男士不敢接近。原来，平日里于娟的头总是抬得很高，甚至连下巴都向上翘了起来。她经常把一只手叉在腰上，挑衅地、面无表情地看着周围的男士。当他们谈笑风生时，她从不正对着他们，好像他们像洪水猛兽似的。

后来，当她从好友的婚礼录像带上看到自己的模样时大吃一惊。她不相信那个盛气凌人的女人就是她自己，此后，她刻意地改变自己在公共场合的肢体语言，也注意减肥，几个月过去了，她的体重减轻一些，心情也好了很多。经朋友介绍，她结交了一个新的男朋友。当时，她就是和男朋友一起看好友的结婚录像，对方说："哇，你那个时候怎么了？"她解释说："我那个时候太胖了。"她的男朋友说："是吗？可我指的是你看上去对周围人很不满，心情也非常不好！"他几乎没有注意到她那时过于肥胖，男友还说要是现在的她也像那个时候那样高傲，他肯定是不敢接近她的。她终于明白了，那个时候不是因为自己肥胖那些男人才不愿意接近自己，而是因为自己的体态语反射出的信息让他们不敢接近她。

体态语可以传递出很多潜在的信息，如果我们用积极的体态语不仅能传递出更积极的信息，还能改变我们的感觉和看待问题的方式。有人做过这样一个实验，让一组学生在一起听演讲，要求一半的学生把两臂交叉抱在胸前（这是一个消极的、封闭的体态语），同时让另一半学生放松，胳膊和腿都不要交叉。结果表明，两臂交叉的学生对演说者的批评很多，他们从演讲中学到的东西也比那些放松的学生要少得多。因为他们的坐姿产生了一种封闭的、戒备而有敌意的状态。

　　既然体态语可以影响到我们的思维方式，那么我们完全可以通过培养积极的体态语来让我们变得更加积极，更加自信。我们在生活中也见过不少这样的人，他们本身长得并不吸引人，穿着打扮也很一般，但却很有吸引力。他们的共同之处就是自认为自己很有吸引力。这说明：一个人内心的自信与平和本身就是一种吸引力。

　　在一个晚会上，有两位孪生姐妹，一样的年轻，同样的体重，穿着同款的黑色晚礼服。她们都非常漂亮，但其中一个总有两三位男士围在身前身后，而另一个没有吸引到一点青睐的目光，她也只跟与她认识的人谈话。为什么具备同样外在条件的两位姑娘，在晚会上受欢迎程度有着如此巨大的差异？99%的原因在于她们的体态语，第二位姑娘在到达晚会之前就情绪低落，她最近有点胖了，感觉很自卑，在晚会上她恐怕引起别人的注意，也抗拒别人的目光。她的体态语给人这样的信息："不要看着我！"因此人们就不再看她了。相反，另一位姑娘最近瘦了，尽管还是需要减一部分赘肉，但她还是很兴奋，对自己也充满信心，于是，这些积极的情绪影响到她的一举一动，使她看起来是那么的吸引人。

　　不一样的体态语，产生了不同的力量。身体的放松能把你的愉快情绪传染给他人，周围人也觉得你是快乐的，人们也乐意与你在一起。反之，身体的紧张也会把紧张的信息传递给大脑，使你更加心神不宁和缺乏信心。所以，你要学会放松自己，培养自信的体态语。

　　你可以先从目不转睛地看着镜子里的自己开始，看你的体态语传递了什么信息？如果你总是低垂着头，或是总是弯着腰，你就要重新训练自己的坐姿和站姿了。注意抬起头来，挺起腰来，双眼平视前方，同时放松自己的肌肉，你会马上感觉到很舒适，也更有力量。

　　你还可以观察并学习那些自信的人，模仿他们的举动。因为真正自信的人到哪里都是魅力四射，一举一动都流露出平和与自信。经过观察，你会发现他们身上都有着积极的体态语：他们迈着轻快的步伐面带微笑进入会场；他们无论是站着还是坐着，身体都是放松而挺直，给人一种自然舒服的感觉；他们微笑着向不认识的人做自我介绍，而不是等着别人来介绍；他们坐着与人谈话时，身体总是微微向前倾，显得很有兴趣……

　　你也可以这样模仿他们，这样你不仅仅会发出更加积极的信息，而且还会有更好的自我感觉。

　　要培养积极自信的体态语，当然离不开微笑，因为面部表情是最好运用的体态语。如果眉头紧锁，一脸木然，没有人会说你是一个容易打交道的人。如果你面带微笑，即便你心中未必真有开心的事情，那也可以让你的情绪高涨，给周围人这样一个人信息：我喜欢这样的自己，也喜欢与你在一起。

　　另外，换一种呼吸方式，可以让你变得更加自信。自信、快乐的呼吸是缓慢地深呼吸，把你的手放在肚子上，呼吸的时候能感觉到肚子的膨胀和收缩，深呼吸可以稳定你紧张的情绪，也可以缓解你的压力。每天进行这样的练习，你将不会再感到焦虑，你也就不会有眉头紧锁等类似的消极体态语了。

　　让自己身体的姿势变得更加有信心，更加轻松，在练习的时候，你一定要放松自己的身体，把自己想象成一个信心十足的人，想象一下自己与朋友们在一起进行轻松而愉快的交谈。你很风趣，还很热情。这时候，你脸上的表情是什么样子的，你的眼神是什么样子的，你说话的腔调和声音是什么样子的？

　　在一个你希望更加自信但实际上不自信的场合，比如在公司的员工大会上，你觉得自己的讲演很失败，这个时候，你可以把你和朋友们在一起的轻松、愉快、自信的情绪带到那个场面中去，回想一下，然后这样问自己：

　　如果现在是那个场合，你有怎样的站姿？
　　如果现在是那个场合，你会有怎样的面部表情？
　　如果现在是那个场合，你会以怎样的腔调说话？

　　这样练习的次数越多，姿态就越自然，你也会变得更加自信。当然，在你一个人的时候，比如你在商店的橱窗里看到自己的背没有挺直，就马上挺直身体。在你与人交谈的时候，提醒自己一定要面带微笑。充满信心的姿态，不仅仅是为某些特殊场合准备的，而是在你生活的方方面面，你都要以满怀信心的姿态去做你所应做的任何事情。这样，你会发现，自信的体态语已经成为你身体的一部分，已经成为你生活的一部分了。

每天自信训练

很多年前，BBC 曾做过一个"怎样才能快乐"的节目。节目的内容对我们理解"自信训练"这个话题会有很大的帮助。

下面是这个节目的全过程：

今天，"最快乐的心理学家"赫伯特·赫登博士带来了 3 位极不快乐的人，赫登博士打算在短时间内使他们快乐起来。之前，这 3 位参与者都接受了科学检测，检测的结果精确地显示出他们在日常生活中每天会经历多少愉快的事情，快乐的程度如何——他们目前的症状在临床上被称为沮丧。

沮丧意味着什么想必大家都清楚，并且这一点也清楚地写在了 3 个人木然的表情上，如果你现在见到他们，相信你会产生这样的怀疑："这几个家伙是不是从没体味过快乐的滋味？"

这是该节目主持人的旁白。该主持人接着用非常激动的语调说："我相信各位观众一定和我一样迫不及待地想看看赫登博士是如何使这些沮丧的人变得快乐起来的，他们快乐起来会是什么样子呢？"

主持人的话音结束，赫登博士进入了画面。他微笑着对 3 个参与者说："只要你们按我说的去做，我保证你们会快乐起来。"

赫登的要求其实很简单，他让 3 个人每天多做运动，尽量多地笑，并让自己的大脑充满积极的想法。因为前两点很容易理解，也很容易做到，所以，赫登博士专门针对第三点——让大脑充满积极的想法，提出了具体的操作方法。他让 3 个参与者在他们的活动空间中放置各种彩色标签，他告诉 3 个人只要一见到彩色标签，便回想使自己感觉快乐的事情，比如：和心爱的女朋友聊天，和要好的朋友出去郊游，坐在布置温馨的居室里收听浪漫的音乐，看自己喜欢的球队的比赛，等等。

一个月下来，赫登的要求已经成了 3 个人的日常行为习惯。

节目的末尾，这 3 个人又接受了一次科学检测，结果让先前给他们做检查的科学家大吃一惊，他们已经变成了快乐的人，并且变得更加年轻，更有活力，富有朝气。因为，按照先前的检查结果，这 3 个人在一个月中是绝达不到这样的快乐程度的。

其实，作为科学家完全不应该有这样的吃惊，因为，赫登博士的做法是有生理学和心理学依据的。

首先，运动能够最大限度地消除沮丧。

因为运动可以让人体消耗大量的肾上腺素以及其他化学成分，这无疑可以帮助人体减轻压力，放松肌肉。运动还可以促进人体产生被称为"快乐因子"的腓肽，而腓肽不但可以带走压力和不快，还能愉悦神经，能在几个小时后为人带来舒适、放松、温暖的情绪。

其次，笑可以改善我们的整体情绪。

改善我们的整体情绪，即使起初是被迫或是不自然的。

从生理机能上讲，笑不仅能松弛人的血管，提升人的热情，让人远离愤怒、沮丧，还能减少人体内的肾上腺素和肾上腺皮质素等压力激素。尤其是，笑会让人体产生一种能消灭痛苦、促进血液循环的安多芬。所以，哪怕是被迫的，不自然的，甚或是微笑，都可以有效地阻止人产生类似沮丧、痛苦等不良情绪。

至于积极的想法就不必说了，它当然可以加强大脑中与快乐有关的神经路线，从而增加身体中的快乐元素，让人感觉更放松、更快乐了。

这三个方法都是从抑制人体内的不良情绪、刺激人体释放快乐因子出发的，实施以后当然能让人产生快乐的情绪了。赫登博士之所以取得成功还在于他提出的一个游戏规则——坚持 1 个月。试想，一种好的情绪坚持 1 个月早已变成了人体内的默认情绪，那 3 个人还能不变成快乐的人？

说了这么多好像离本文的主题已经很远了，其实不然，因为自信和快乐一样，都是受神经系统控制的情绪，既然通过训练能让原本沮丧的人快乐起来，通过训练同样能使不自信的人自信起来。就像足球皇帝贝利说的那样："练习便是一切。"

很显然，贝利的话不仅适用于足球，适用于快乐训练，也适用于自信训练——每天都进行训练和自我调节，我们很容易地就能建立起自信来。

和快乐训练一样，自信力的训练也是有一定的方法的——总是以自信的口吻对自己说话；让积极的情景充满自己的头脑；让自信充分调动自己的身体；每天都冒一点险。请你相信，不管是哪种方法在你想建立自信时都会给予你很大的帮助，练习的越多，你就会变得越自信。坚持下去，你会发现，你也将会养成一种默认的情绪习惯，你将以一种全新的精神状态——自信，去迎接生活中的每个挑战和困难。这将在你的生活中产生深远而持久的影响，让你的生活变得更加美好。

为了尽可能地让这几种方法都发挥作用，让这 4 个方法更好地贯彻下去，方便大家的练习，我们特别设计了一个"每天自信训练"，这个训练不会消耗你的体力，每个步骤之间不需要任何恢复体力的时间。

说是每天训练，其实并不需要多长时间，你只要每天练上三五分钟就足够了。另外需要的就是几页纸和一面镜子，仅此而已。

"每天自信训练"具体操作步骤如下：

■ 第一步：回忆

用你所学过的想象你未来成功的精彩片断的方法回忆过去你所经历过的任何成功：你的创意被公司采纳了；你在某项比赛中得了一等奖；你的某些做法得到了你所看重的人的赞扬……当然也可以想象你在未来将会取得的成就。

注意要点：为了让那些精彩片断更生动，更富有表现力，请用明亮的色彩、放大的、粗体的、移动的画面来进行回忆或想象。

■ 第二步：照镜子

站在镜子前，闭上眼睛，用一个爱你的人的眼睛观察你自己，可以是你的父母、恋人，也可以是你的朋友。睁开眼睛看镜子里的自己，这时候的自己当然应该是爱你的人眼里的自己了。然后，自信而高声地夸赞自己一分钟：我是一个能力突出的人；我是一个懂得感情的人；我一定能做好每一件事情……这个时候你绝对不能想自己的缺点。

注意要点：别把自己夸奖自己当作一件很难的事，你要清楚这是关键的一步，只有这样你才能增强体内的能量，让自己改变，进而赢得自己想要的一切。

■ 第三步：铭记

到这里你已经很自信了。接下来要做的就是铭记自信的感觉：观察你在非常自信的时候所观察到的，倾听你在非常自信的时候听到的，体会你在非常自信的时候所感受到的一切。你是不是正迈着轻快的步伐去约会你喜欢的对象？你是不是正沉着地发表着自己的想法？你是不是正自信地在公司例会上宣讲自己的创意和方案……

如果你觉得有困难，就再想象一下如果你变得非常自信，如果拥有全部的自信、精力和力量，你的生活将会变得多么美好！

注意要点：

1．在铭记自信的感觉时也要尽可能地让色彩更加明亮更加醒目些，让画面中的声音更加响亮些，感觉更加强烈些。

2．把拇指和中指放在一起挤压，提醒自己这一切都是真的，这美妙的感觉并不是出现在梦中。同时，想象出一个让你在未来 24 小时内变得更加自信的场景，比如，事情进展得如你所期待的一样顺利，你把凌乱不堪的屋子收拾得非常整齐，你把很久以来要求加薪的想法告诉了老板，并得到了老板的肯定……

3．铭记自信的感觉的过程中，时刻观察你自信时所看到的，倾听你自信时所听到的，感受你自信时所感受到的。这一点很重要。

■ 第四步：实施

快速写下训练过程中闪现在你头脑中任何一个好的想法：和女友去游泳，去自己心仪的地方待上一天，去看一位久违了的好友……从中至少选出一件在未来 24 小时内可能成功实现的，然后去实现它。

这个"每天自信训练"你做得越多，你的信心，你内心的力量就会越强大，你也会越来越感觉舒适与坦然。

不要忘了，是你的行为造就了你，要想成为一个充满自信的人，你必须坚持。

第4章

越自信，越成功

　　自信者并非因卓越而出色，却以豁达乐观、勇于挑战感动人心。不论成功失败，幸福与快乐永远挂在脸上，这便是自信的魅力，也是他们走向成功的最终意义。

第一节　快乐在今天

在很大程度上，一个人的快乐取决于他的人生观。快乐就像自信一样，是个人的责任，虽然别人有时会有让你更快乐的义务，但最终你有多快乐还是取决于你自己。

成功是什么

人们常认为成功就是拥有令人羡慕的一切——金钱、名利、地位、车子、别墅……它常常包括一切人们渴望实现和渴望得到的东西。但经过苦苦追求，当拥有了许多梦寐以求的东西后，人们又发现，成功之初心情可能会很激动，可是过不了多久，就会产生一种不过如此的感觉，无论得到多少，总会觉得真正的成功和幸福还没有来临。

为什么会这样？身处竞争社会，人人都重视成功，追求成功，所以，理所当然地就会把成功当作人生最重要的目标。这样做绝对是无可厚非的，之所以成功之后的人会发现自己得到的其实并不是自己真正渴望的，那是因为在追求成功的过程中，人们忽视了对幸福或幸福感的追求。所以，他的成功并不是真正意义上的成功，他为了追求事业的成功，却牺牲了个人健康与家庭，不但同妻儿形成陌路，甚至自己也不认识自己。

于是，很多人都开始思索成功到底是什么？成功就是得到令人艳羡的一切吗？什么对自己才是最重要的？这样做值得吗？

李莎是个事业很成功的女人，收入丰厚，客户资源源源不断。可是，她的婚姻出了问题，这让她很烦恼。就在她想让自己的婚姻走向瓦解的时候，她发现自己怀孕了。她非常喜欢小孩，非常想要这个孩子，她觉得把自己的孩子养大比事业成功更重要，她决定改善自己的婚姻状况，她希望自己的孩子能在健康的婚姻状态中出生。

李莎开始着手解决夫妻两人之间的问题。毫无疑问，这样做将占有她很多时间，会影响她的生意，但是她觉得这很值得，她知道对于她来说什么才是首位的，她不想让成功与幸福割裂开来。

她不再像以前那样总是把注意力集中在没有得到的东西上。现在她发现原来自己也具有享受生活的天赋：下班后，在做家务之前，先让自己安静地休息一会；好好享受泡澡的乐趣；她每天都抽出一个小时的时间和丈夫聊天；周末和丈夫一起出去，过一个奢华的假期……他们夫妻关系明显转好，现在她变得充满了激情、快乐、自信。

李莎的幸福源于她内心世界的根本转变，她领会了成功与幸福的新定义：享受和崇尚生活，把个人的成功与幸福联系在一起。

其实成功的人生固然需要追求目标，但是在追求目标的过程中不要忘记：适当停下来听一听内心的呼唤，享受一下人生的快乐。用追求幸福的态度来对待人生、对待成功是很重要的。也就是说，真正的成功应该是在追求成功的同时能够享受到生活的快乐，并且在追求的过程中无论发生什么事，甚至是人生的悲剧，都能够享受人生，享受现在的生活。

当你决定在追求过程中享受生活，造就属于个人的成功时，奇妙的事情就会随之发生。在你面前，成功的常用标准再不会影响到你的个人幸福，而你为自己设定的目标也会出人意料地实现了。

赵珊如今正努力完成哲学硕士论文，但她并不想靠这一行吃饭。她说："我的论文已经写了 5 万字了，但我要在未来的两个月里写 10 万字的草稿。我一直为此担心，并感到筋疲力尽，写作进度很慢。我的确耽搁了论文写作，因为我还要抽出时间为两个月后的婚礼做准备。我有很多不错的打算，也计划了自己的时间，但效率却大不如以前，远远地落在了后面，我该怎么办？"

你一定很惊讶，赵珊对筹备婚礼如此轻率，竟然认为它耽搁了论文写作！假如她完不成论文的话会对她的生活和工作有什么大的影响吗？

其实，赵珊本人也不得不承认，那对她的生活和将来的工作不会有太大的影响。假如让她从 10 年以后的立场出发回顾自己的生活，再来判断论文写作和婚礼哪一项更重要，相信她肯定会回答："当然是婚姻更重要了。"

认识到什么才是自己想要的，什么对自己是最重要的以后，赵珊想到了以前从来没有想到过的：她不应该用太多的时间去为完不成论文而担心，而是应该用更多的时间来筹备婚礼。赵珊准备把论文的写作进度放慢，每周只留出 3 天时间写论文。

这样做了之后，赵珊发现在这 3 天里写的论文比她以前每一个周（包括周末）要写的还多。不仅如此，她还觉得让自己放开手去准备婚礼、梦想婚礼真是令人激动和愉快的事情。她不再沮丧了。

赵珊以前每周都为自己制订完不成的目标，因此对自己的进度从来没有感到满意过，更糟糕的是，这也影响到了她的心情，对自己的婚礼也没有多大的兴趣了。她这种消极的状况渗入到生活的每个角落，甚至她还担心男朋友会离开她。她的男朋友也为她的变化感到高兴，看到未婚妻重新找回了自己，也松了一口气。以前他认为是赵珊对他不满意，所以她才对婚礼提不起兴趣。

任何人如果对自己和生活不满意，肯定会花很多时间去思考到底是哪里出现了问题。这样做是对的，只是别忘了在解决问题之前评估一下自己的生活现状：

先记录下自己的快乐。写下目前生活中任何好的、积极的事和人。花些时间制作一张表格，其中包括最小的细节——你办公室窗外的景色，如果你特别喜欢的话；也包括你自身的部位——比如你的鼻子，如果它是内心的骄傲的话。好好思考一下这种表格，你就会认识到自己现在有多么的幸福。

试着去评估和欣赏自己喜欢的一切。总是不满足的人，往往忽略了他们自己所拥有的东西。他们总是渴望自己目前还没有得到的东西，只把目光盯在还不属于他们的东西上，这样就会对自己能够享受的幸福与快乐不予正视。如果某件事情对你来说是一种快乐，那你就尽情地享受吧。例如与闺中密友煲电话粥，读一些花边小报或自己感兴趣的小说、杂志等。不要总是把目光盯在你还没有实现的目标上，自信的人允许自己拥有这些快乐和嗜好。这样，当你为了追求目标的时候，向成功的路上迈进的时候，会感到更加快乐，更加自信。

请不要忘记，成功是追求过程中享受生活的快乐，我们不仅要成功，还要快乐，还要幸福，这才是人生的真正成功。

什么阻碍了现在的幸福

是什么阻碍了我们现在的幸福？和另一半吵架，和上司关系不好，讨厌现在的工作、没有人生伴侣、担心经济问题，实现不了重大目标，和同事相处不愉快，没有坚持健身计划，缺少休息时间……

如果你已经看出了生活中的问题，是否能够解决问题？要怎样解决？这些是改善生活现状必不可少的环节。在以上各种因素中，人际关系和与工作有关的问题是决定你现在幸福的重要因素。发展顺利的恋爱关系，同事和朋友之间的良好关系，充满乐趣、富有挑战性而又十分充实的工作，都会帮助你去享受生活，品尝幸福的滋味。

要想解决人际关系方面的问题，首先你得先去做你希望别人去做的那种人，也就是我们常说的，你希望别人怎样待你，你就怎样对待别人。如果你想要别人钟情于你，那就先让自己毫无疑问地去钟情于别人——不是为了回报。这时你会觉得很幸福。用那种你希望同事对待你的方式对对待他们；如果他们对你不友好，就不要学他们。

说起来容易，做起来难，很多人总是抱怨："我该怎样对待难以相处的丈夫"，"我不知道怎样去和工作中总是对我有敌意的人相处"。面对这些问题，我们唯一能做的就是应付自己，调整自己的心理，而不是去改变难以相处的人。让我们不幸福的根源不是他人，而是我们自己。幸福不是去改变他人或任何其他外界因素（天气、环境等），而是要增强自己对外界的适应能力。只有认识到这一点，我们才会负担起更多责任，就不会陷入"我不幸福是他们造成的"这样的想法中。

对那些抱怨另一半或同事的人来说，通过发现与自己难以相处的人的优点是可以扭转局面的。就像认识自己的优点一样，找出一张纸来，列出那些人身上任何让自己重视并佩服的地方。其实，就是最令你讨厌的人，你也能发现他身上有优点可寻。这样做将会大大改善你对人际关系的认识。然后，在适当的场合把所列出的这张优点清单拿给另一半或同事看看，即使是最难以相处的人，这种方法也是可行的。

"他是一个笨蛋，一个控制狂。他时时刻刻监视我——我没有任何时间和空间来按照我自己的方式做事，他总是想知道我在干什么。他很吝啬，让他说一句'你干得不错，牛城'，简直就是太阳从西边出来了。我非常气愤、难受，真不知道该怎样和他相处，也不知道该如何控制我的这些情绪。"

很显然，牛城和上司的关系很紧张，他对上司的敌意和习惯性的抱怨伤害了自己，也影响到了他的情绪。

如果他愿意冷静地想一想上司身上值得让人敬佩的地方，比如，他的逻辑思维能力很强，口才也很好，还善于把握细节等，并找出一个合适的机会，告诉上司他的发现，相信牛城和他上司的关系会因为他自己的改变而改变。因为，牛城的工作价值需要得到别人的承认，他上司的价值也需要有人承认。最重要的一点是赞扬别人的优点时必须真心实意而非虚情假意。

事实也是如此。牛城说："在讨论总部下来的指示时，上司指出了一些错误和在实施前应该弄清楚的地方。这时，我告诉上司在逻辑方面、关注细节方面他是多么出色时，我确实感到了变化。上司显得很高兴。从那个时候起，我觉得一切都好多了，这种变化真让我高兴。他当然也不在背后监视我了。更可喜的是，上司也总会抽些时间和我聊天，有一天上司还告诉我上海的办事处有一个空缺，认为我是那个职位的合适人选。他说如果我有兴趣，他会为我美言几句。"

牛城的做法很有借鉴意义。

现在开始解决与工作有关的问题。生活中的大部分人为了维持日常开销而不得不来工作，所以，当他们对工作感厌烦时，就会选择离开。有时离开是正确的选择，但大可不必马上离开，完全可以在离开之前尝试一下扭转局面，说不定通过努力会让现状有所改变，让自己的信心增强，进而很容易地就融入了新生活了。

老板或同事都令你讨厌，这可能是你最不愿意遇到的事。但无论你是想离开或是期望事情有所好转，你都可以通过出色地完成工作来增强你的影响力。

有些人总是通过做一个不合格的员工来宣泄自己对工作的不满，例如无故迟到，早退，无视公司规章制度。这样做的最终的结果只能说明你是一个没有工作效率、不胜任工作的差劲儿员工。这意味着当你对老板或上司提出要求时，没有人会理会你，这将会削弱你的信心。如果你现在没有认真工作，拿不出工作成果来，以后要找新工作时也不会那么容易，甚至会更担心自己的能力。

不管周围环境如何，尽量做好本职工作，才是上上之策。不管别人怎样待你，你都要建立自己的标准，按照自己的标准行事，通过与同事的合作而不是恶意竞争来提高声誉、争取更多的支持。如果你树立了好榜样，同事会支持你的，老板也愿意听取你的建议。万一你的老板对你的成绩视而不见，你就要记录你在工作中取得的成绩，不要以为这些成绩是有目共睹的。定期把它们记录起来，这些是可以衡量的事实。当你实在无法忍受你的老板而想寻找另外一份工作时，这将成为你工作能力的有力证明。

还有一种方法可以改变你的工作态度。想象一下，假如你是老板你该怎样工作？如果你是老板，你希望你的员工怎样对待你现在做的工作？这样做会很有效果，这将会大大提高你的工作质量。

测试：你是一个快乐的人吗

1. 如果美国米高电影公司请你拍《猫与老鼠》的大结局，你会以怎样的结局处理这对欢喜冤家？

A. 猫最终会吃掉老鼠；

B. 猫和老鼠一起合作去攻击其他的卡通明星；

C. 猫与鼠依然势不两立，但谁也赢不了对方；

D. 老鼠终于把老猫给整死了。

2. 意大利佛罗伦萨有一栋建筑，据说它是当地最为古老的建筑，你认为今天这栋建筑作何用途？

A. 图书馆；

B. 市政府；

C. 银行；

D. 医院。

3. 据说某幢建筑里有一对幽灵，你认为下面哪种解释更合理？

A. 两人因通奸被关进黑牢，最终成为幽灵；

B. 一对情侣因为彼此相爱，所以灵魂不灭；

C. 两人被嫉妒的巫师施了魔法；

D. 两人新婚之夜被大火烧死。

4. 如果你拿着装了很多现金的钱包，在逛街的时候不慎丢失，你会？

A. 先去公安局挂失；

B. 去每一个刚才使用过钱包的地方询问；

C. 在你走过的路上寻找；

D. 先坐下来，好好想个办法再说。

5. 如果你明天要5点钟起床去赶飞机，你会如何确保自己准时起床？

A. 拜托家人5点钟叫你；

B. 设下闹钟，准时叫醒；

C. 早点休息，明早自然能早醒；

D. 在睡觉前默念5遍"5点早起"。

6. 如果你刚与客户签约，突然发现有一条不太重要的条款没有列上，而如果要重新签约就要花费很多时间和金钱，这时你会？

A. 做事要严谨，一定要重新签约；

B. 与客户针对那个条款签个简单协议；

C. 与客户针对那个条款达成口头协议；

D. 在以后方便的时候，再增补那条。

7. 如果你在开车的时候，把一个骑自行车逆行的学生撞倒，你会？

A. 孩子，你骑错车道了；

B. 怎么样？没摔伤吧！太对不起了；

C. 怎么搞的，你没事吧；

D. 把他扶起来，看看自行车还能不能再骑。

8. 如果你乘飞机时要一张临窗的位置，可入座时才发现是在走道旁，你怎么想？

A. 这个售票员太马虎了；

B. 挨着过道也好，出入方便；

C. 自己太不认真，没有检查；

D. 和别人商量调座。

9. 如果朋友请你帮忙买软卧的票，结果你买了硬卧票，这时你会怎么办呢？

A. 实话实说，向朋友致歉；

B. 大讲坐硬卧的好处；

C. 装作没事；

D. 对他说软卧、硬卧各有好处，还是帮他换一张。

10. 一辆敞篷的跑车上，载着几名年轻人，他们言谈激烈，你想他们是在干什么？

A. 去朋友家聚会；

B. 准备打劫；

C. 寻仇；

D. 上医院探望病人。

评分标准

题号\选项	A	B	C	D
1	5	1	3	3
2	1	5	3	3
3	5	1	3	3
4	1	3	5	5
5	1	3	3	5
6	5	3	1	3
7	1	5	3	1
8	3	1	3	5
9	5	1	1	3
10	1	3	5	1

结果分析

10～17分：乐此不疲。你有制造快乐的天分，简直就是个谜，即便那些开始对你有敌意的人，在与你接触一段时间之后，也都会情不自禁地喜欢上你。你快乐的心绪是大家沉闷时的最好的调节剂。

18～25分：乐天知命。你的笑经常是微笑，你是个诚实可靠、细致体贴的人，能够细致地了解和深入观察周围事物深层面的特点和含义。所以你不会大喜大悲，但却是别人不快乐时的一个很好的倾诉对象。

26～33分：乐不思苦。你有时很快乐，有时会很苦恼。你是个性情易变、性格不稳定的人。如果心血来潮，你可以竭尽所能地帮助身边每一个人，让他们快乐，但如果你不顺心，就会变成令人麻烦头痛的人。你的这种多变的性格是生活压力所致。

34～41分：乐不漏齿。这并不是说你笑的时候真的不漏齿，而是指你非常含蓄，感情不易外露，让人捉摸不透。大家看到你笑的时候，你可能并不很快乐，而你冷若冰霜时，可能内心却热情如火。你一旦恋爱或合作，就会非常投入和疯狂，容易伤害到周围的人。

42～50分：乐极生疲。对于你，千万不要太兴奋，太喜悦，你这种认真仔细的人，一旦被情绪所左右，可能就会犯大错误。你直率的性格，使你在十分快乐的时候容易伤着别人。

第二节 自信者永远出色

自信者犹如森林之中一棵枝繁叶茂、昂首入云的巨树，无语中透着果敢、坚毅。自信者永远是出色的，因为他们都具有像阿基米德似的那种"给我一个支点，我将撬起整个地球"的豪迈。

激情四射的公众讲演

你能毫不费力地写上 2000 字，你能轻松地跑完 1500 米长跑，甚至你能让孩子理解"不"的含义，但是，当要你在工作中或会议上发表演说的时候，你就胆怯了，冷汗直冒。

害怕公众讲演是人们的普遍心理。人们害怕自己会在众人面前说错话，害怕站在台上被台下的人指手画脚地评论来评论去。尤其是演讲过程中出现的错误，会引起人们的哄笑，这时演讲者都会处于一个十分被动的状态，内心会感到恐惧、羞愧、尴尬。

但是，生活在现代社会，演讲却越来越多了：领导讲话，教授传授知识，谈判中双方的沟通，主持人的陈述与提问，公司大会上的发言——这些都是生活中必需的语言交流和演讲。公众演讲是一个人在生活中必须要经历的，只不过是频繁程度有所不同而已。

但是，那些出色演讲者在台上时总是松弛的、自由的，和观众相互协调，那激情四射的演讲总能在观众之间来回激荡。他们很容易成为观众的焦点，观众也会放弃那游移不定的意见来附和他们。你是不是也想象一个成功的演讲者那样，希望自己能够坦然面对台下的众多人士，轻松上阵，进行一个激情四射的演讲？可以肯定地告诉你，你的愿望不难实现。

■ 保持积极的心态

很多年前，英国一位著名女演员去拜访一位美国心理咨询师。当她提到自己有舞台恐惧症时，那位咨询师感到十分震惊。他就问女演员："你是最优秀的演员，怎么会有舞台恐惧症呢？"

女演员回答道："当你处于我的位置时，你就会感到十分沉重的压力。"

那一刻心理咨询师十分震惊，一个如此著名的女演员竟然会有舞台恐惧症。看来，自信心与一个人的经历几乎毫无联系，而是与一个人的思维方式有着紧密的联系。有很多人能够用自身丰富的成功经历和过去的辉煌建立起一种坚不可摧的自信，而她却用自己的经历与过去构建了自身的恐惧。

为什么这位女演员会在自己熟悉的舞台上产生恐惧心理呢？女演员面对咨询师的疑问，娓娓道来："首先，在我走上舞台的时候就能感觉到观众中有一些十分挑剔的人不时地评论着我的表演，我能想象出他们的说法：'她的表演真是做作，不是吗？''她是不是把台词说错了，真差劲。'紧接下来我就感到十分紧张，因此就会犯一些小错误。我想，现在那些挑剔的观众不知道该怎样地批评我呢？他们可能会说出更加挑剔的话，诸如：'我看她的巅峰时期已经过去了，她正在走下坡路。'我一想到观众对我的批评，我就越容易出错。"

很明显，这位女演员虽然名声在外，但她在表演的时候并不自信。虽然她不知道那些人究竟说了些什么，或者那些挑剔的人根本就不存在，但是她的设想却给自己带来了很大的压力。

由于她的内心想法对她的表演有着巨大的影响，心理咨询师就决定利用她自己的想象来帮助她。理由很简单，如果她能够想象别人批评自己、攻击自己，她同样可以通过想象别人表扬自己、维护自己。

她的心理咨询师让她这样设想，每当她走上舞台，她所听到的都是饱含赞美之词的话，诸如："这位女演员的表演是多么棒啊——表演得太到位了，精彩极了！"如果她不小心出了小差错，就让她这样设想，"她是如此巧妙地纠正了错误——为她喝彩！"心理咨询师不仅让她在大脑中彩排这些过程，而是让它们成为她大脑中的一个新的程序。下一次她走上舞台的时候，这些在脑海中根深蒂固的新想法就会迸发出来。她的舞台恐惧症也就这样消失了。由此可见，一个人保持良好的心态，才能更加自信。而自信本身就是一种吸引力，只有一个人自信的时候，他才会成为别人注意的焦点。

所以，不管你在任何场合下演讲的时候，你一定要相信自己，保持良好的积极心态。通过这样一个练习，可以让你在讲演的时候保持一个良好的心态。现在，请开始设想你处于一种完全自信的状态，你的周围都是笑容可掬的人们，你愉快地接受他们，他们也接受并喜欢你，这时你的声音听起来很美妙。如果你还没有进行过公开的演讲，你可以选择一位你所崇拜的演讲高手，听听他那自信而又富有激情的声音，把你自己想象成为演讲高手。接下来，把你的声音与内心的自信的声音协调起来。想象着脑海哪个自信的声音在对你说："我自信的时候就是这个样子的，听众会喜欢我的声音。"然后，利用自信的声音把需要演讲的内容大声地说出来。

注意，一定要把力量、语调配合好。也许在开始的时候你会感觉有点别扭，但是，不久之后，你就会完全可以开始以更加自信的语调大声演讲了。

另外，还要注意演讲时的姿势。要让自己的身体放松，不要紧张，适度的紧张是可以的，但不是过度紧张。过度的紧张不但会表现出笨拙僵硬的姿势，还会影响舌头的动作。那么，该如何保持轻松的姿势呢？诀窍之一是张开双脚与肩同宽，挺稳整个身躯。另外一个诀窍就是想办法扩散并减轻施加在身体上的紧张情绪，比如用手按着演讲台或手握麦克风等。

■ 真正了解演讲内容

控制了紧张情绪，其次就是要了解自己的演讲内容，因为你只有了解自己演讲内容的基础上，才能向听众传达你的自信。因为当你了解了自己的演讲内容，你就不必为自己站在台上说什么而担心了。

了解自己的演讲内容与背诵稿件的性质完全不同。李涛对此有着深刻的体会。当时他和一位博导一起教授 EMA 的培训课程时，他总是提前精心准备好要教授的内容。

有一天，正当他准备走上讲台时，那位博导建议他换个方式讲课。他当时就表现出一副忧心忡忡的样子，博导就笑着问他在这个领域里做了多久。他告诉博导说已经近 5 年了，博导又笑了。"你对自己的领域已经了如指掌了。"博导对他说，"只要你保持平和的心态，根本不用去准备什么，你所要传达教授的思想自然而然地就表达出来了。毕竟你对所要教授的课程是如此熟悉，如果让你做下来和好朋友聊天，你就不会感到焦虑了，不是吗？"

然后，那位博导让他记住放松自己的时刻：回忆起自己与好朋友的一次轻松而又令人愉快的交流，他表现得如何风趣、幽默、还很热情。直到他感觉自己的身体十分放松的时候，博导就让他记住这样的感觉，并想象自己就是带着这样放松的感觉去演讲。

尽管那次授课，李涛没有进行精心而又充分的准备，当开始的音乐播放的时候，他平生第一次没有做任何正式的准备就走上讲台。结果，这一堂课是如此的精彩，他感觉这是他教过的最好的一堂课，同时也是他在众人面前感到最放松的一次。

只要你了解自己的演讲内容，你马上就可以放松下来，你会发现，一切都会变得如此美妙！

■ 充满激情地去演讲

观察优秀演讲家的演讲，你就会发现他们无论何时，只要是在公众场所进行演讲，他们都会充满激情，他们善于自动地、生气勃勃地、活跃地讲话。

很多公众演讲者为了帮助自己在演讲之前找到激情，他们都会问自己这样两个问题：

我演讲的精华是什么？

通过演讲，我想要观众从中获得什么有价值的经验？

如何保持激情的演讲，诀窍之一就是必须与听众的目光保持接触。在公众面前说话，你必须接受众目睽睽的注视。虽然并非每位观众都会对你报以善意的目光，尽管如此，你也不能避开听众的视线来说话。你要一面演讲，一面从听众当中找寻对于自己投以善意而温柔眼光的人。这样不仅可以提升你的演讲激情，也能巩固你的信心。

激情也是一种心理状态，与任何状态类似，通过练习你可以在任何时刻创造一种满怀激情的状态。请你想一个你将要在近期内做的演讲（公司会议上的创意报告）。如果近期没有，想任何一个近期你想要表现优异的公众活动（招聘演讲、歌唱表演等）。如果这个演出活动完全取决于你个人，你会有怎样的感觉？害怕？兴奋？自信？快乐？胆怯？

然后，设想地上有一个颜色不限的圆圈，请用你想要拥有的心情填充它。通过昂首挺胸的自信姿态和自信的语调，用强大的自信填满圆圈。通过想象一件让你充满热情、热血沸腾的事情（初吻、第一次约会、通过从业资格考试），这样你就把激情填在圆圈内；请你回忆和大学室友们一起开玩笑、开怀大笑的时刻，然后把快乐加进了圆圈……

最后，请你踏入这个圆圈，让填充圆圈的这种感觉包围你的身体。当你感受自信、激情、快乐的时候，想象自己正在进行就职演说。当这种感觉消失的时候，走出这个圆圈，重新酝酿充满健康、快乐、向上的感觉，然后再踏入这个圆圈。

好了，现在，你是不是已经开始自信而又充满激情，无论是进行怎么样的演讲，只要你熟悉了自己的演讲内容，具有良好的心态与激情，你感到很轻松，因为你已经做好了成功演讲的准备，下面就是开始激情四射的演讲吧！

打造商业上的成功

■ 消除食欲

你有没有遇到过这样的人，他十分渴望从你那里获得某样东西，以至于让你生厌？不管是推销员想要一下子掏空你的钱包，还是某人迫不及待地要同你建立某种关系，即使是最大度的人，面对如此贪婪的人也会反胃。

在表演艺术中，这种行为通常被人称之为"令人生厌的贪婪"，它与最后的圆满成功形成鲜明的对比。为什么推销员会迫不及待地想要把你的钱包掏空呢？因为他们对自己没有信心，对自己所推销的产品没有信心，所以总希望一下子就赚取足够的钱。这样，他们非常渴望推销给客户更多的东西时，就很难让客户愉快地接受他们的请求。这样做不仅一件东西都推销不出去，反而会让客户生厌。

要想打造商业上的成功，首先就要消灭令人生厌的贪婪，要把贪欲降格成为合理的商业期望，要对自己有信心。

现在，开始这样一个练习，它可以帮助你消灭贪婪，把你的贪欲变成合理的商业期待。

消灭掉贪婪关键需要理解以下内容：贪婪是一种心理状态，它与任何状态类似，通过大脑中的图片、声音以及谈话就可以建立起来或摧毁。所以，个人的贪欲是完全可以控制的，通过下面这个练习，你会把自己的贪欲转化为合理的商业期待，而不会让人对你反感。

首先，请你设想一件你十分渴望得到的事物。比如金钱、工作上的令人艳羡的业绩，甚至是你想要长久与人生活在一起的婚姻关系。注意在这种场合下你大脑中所联想到的图片、声音以及自我谈话。通过这样的想象，你就会发现，当一个人被贪欲支配着的时候，会有种种愚蠢的、令人生厌的表现。

其次，通过想象控制你的贪婪心理。请你设想一组你所渴望得到的事物的图片，放在远处，设想它离你越来越远，渐渐地消失。请你降低声音以及自我谈话的音量，直到你对自己所渴望的事物感到平静为止，能够以正常平静的声音来谈论你它为止。

第三步，请将你生活中所有的美好事物连在一起，形成一个完美的圆。回忆过去成功的经历，回忆你喜欢以及喜欢你的人，以及任何生活中让你感到愉悦的事情。反复回忆你所受到的任何赞美。用一切积极的、成功的、正常的、良性的话语、声音以及形象填充自己的大脑。然后在这个全都是由美好事物构成的圆中打开一个小口，留给自己一个扇形空间，在这个开放的小空间里你可以储存你所渴望得到的一切。

最后，你所渴望的事物仅仅会出现于你已经获得的一切美好事物的环绕中。

如同目前为止你在本书中所做过的任何练习一样，只要你坚持下去，通过反复的练习，你就会改变自己。通过这样的练习，就能让贪婪的你迅速平静下来，把膨胀的贪欲转化为合理的商业期待。

■ 坚持自己的想法

当你研发出来的产品或为社会提供的服务具有前瞻性，比较超前时，就可能不被权威以及社会大众所接受，这个时候你需要有自信。如果不自信，你就会放弃，这样你就可能会远离成功了。爱迪生说："生活中的很多失败，是由于人们在放弃时不知道自己离成功只有一步之遥了。"

史蒂夫·亚伯与史蒂夫·沃兹·尼雅克在尝试建立苹果电脑模型时，他们为了获得一些大公司资金，他们甚至为那些公司提供电脑的所有权，然而他们还是遭到了拒绝。

与此类似，CNN（美国有线电视新闻——Cable News Network 的英文缩写，由特纳广播公司董事长特德·特纳于 1980 年创办，通过卫星向有线电视网和卫星电视用户提供全天候的新闻节目）以及联邦快递，一开始都没有受到大家的关注。因为它们都具有前瞻性，超出了大众的理解能力和接受范围。在开始的时候不被理解、不被接受是常态，但应该看到未来巨大的市场潜力和商机，把它坚持下去。所以，作为一个时代的先锋者，你必须要做好被拒绝的准备，因为这是你领先于市场、领先于大众所要付出的代价。

■ 要善于引导大众

如果你研发的产品或为社会提供的服务具有前瞻性，只需要对自己的东西有信心还是不够的，还必须巧妙地引导消费者，其中最高明的策略就是利用示范对社会大众进行心理暗示，引导潮流。

美国一位心理学家罗伯特西亚蒂尼在芝加哥街头做了一个这样的实验：把一辆新车停在破旧的贫民区附近。第二天早上，当研究者回来时，那辆车仍旧完好无损地停在那里。几周后，把一辆相似的车仍然停在这个贫民区附近，唯一不同的是这辆车的车窗坏了。第二天早上，这辆汽车的下场是：四个轮胎全部被卸走了，其余部分也被破坏掉了，这辆车完全报废了。

到底发生了什么事情？为什么几乎相同的车，一辆完好无损，而另一辆则千疮百孔？

答案来自被心理学家称之为"社会考验"的影响原则：当人们不知道该做什么时，他们往往参照别人的做法。一旦有人建立起一个可以接受的行为（车子的窗户破了），其他人就会仿效。

理解社会考验所产生的影响，能够让你在任何工作环境下都能更清楚地承担先锋者这一重要角色。你研发出的产品或为社会提供的服务如果不被社会大众理解和接受时，你可以主动引导他们。当互联网刚出现的时候，很多人都不接受也不理解，但是，让他们使用互联网发出第一封电子邮件，对方很快就能接受到并能迅速回复过来时，他们就不会排斥了。通过这样的引导，他们很快就发现了互联网的种种便捷。

■ 不要怕犯错误

人们对环境以及对团队产生的影响，很大一部分取决于人们的做事能力——即对大众的引导能力，做第一个吃螃蟹的人，要首当其冲地采取可以激励他人的行为。

你要首先行动起来，即使会犯错误，也可以弥补。如果你想要你的客户告诉你发生在他们身上的真实故事，你就要先坦诚相待，即使你的坦诚可能会破坏你做部门经理、销售明星或顾问的完美形象。

不要害怕犯错误，任何一种商品都是在不断地犯错——纠错的过程中逐渐完善的，作为一个商业上的先锋者犯错误也是不可避免的。请看一下那些在商业历史上头脑不开放的先锋者所犯下的典型错误：

1876 年西欧联盟会议有人这样说："电话作为一种通信工具，有许多缺陷，对此应加认真考虑。这种设备没有价值。"

1943 年，IBM 的主席拖马斯·华生进行过这样的预测："我认为世界市场上有可能售出 5 台计算机。"

1946 年，20 世纪福克斯公司的老总达利尔赞·那克曾说过："在开始的半年内，电视机不会有很大的市场。每晚坐在一个小盒子面前，人们会很快厌烦的。"

甚至比尔·盖茨也犯过这样的错误，他在 1981 年说："无论对谁来说，640K 内存都足够了。"

■ 明确市场定位

你要想成为一个成功的商业人士，仅仅消灭自身的贪婪和成为一个敢于坚持到底的先锋者还是不够的。因为从事商业活动的人常犯的错误就是想讨好每一个人，他们尽可能花尽所有时间试图在不同人的面前扮演不同的角色，这样自己的生活和自己本人都会失去平衡，总是忙于一个接一个的应酬，希望谈成一笔又一笔的买卖。他们试图让每一个人都成为自己的客户，这在当今社会是不现实的，也是不可能实现的，这样的想法本身就是一种不自信的行为。

无论是作为一个商业人士，还是经营自己的买卖，你的商品或服务只能指向特定的人群，满足特定人群的需要，这些特定的人群就是你的潜在客户。这是最基本的商业原则，有了这样认识，你就不会如此辛苦，你完全可以做回本色的自己，你的客户也会更加满意。

不管怎样，总会有人需要你的产品或服务，而另外一些人则不需要。正如《心灵鸡汤》出版商的创始人杰克·坎菲尔德所言："有些人会买书，有些人则不会买，那又怎么样呢……总会有人需要的！"

摆脱逆来顺受的心态

不知道你是否是本章的阅读对象——处于困境中的人。如果有人告诉你这是将要发生在你身上的事情，你会大笑或感到羞辱。但是，无论怎样，在这里你都要学会重新振作起来。也许你会为了一份没有前途的工作而失意，想离去又怕将来连这样的工作都找不到。你也许正想摆脱丈夫的暴力，与他离婚，但你又期望丈夫能够改变，每当想到你们从前的幸福生活，你就在等待中忍受着痛苦的煎熬，而你的丈夫依然没有任何的改变。

这样的事情如同任何下意识的模式一样都是每天一点点积累而成的，积累多了就会让你陷入困境。

本节将会帮助你迅速地摆脱困境，帮你快速直接地解决问题。

陈女士是在 10 月 1 日结婚的，她的老公是一名公务员，外表挺斯文，脾气却非常火爆。两个人结婚刚刚不到 3 个月，他就动手打了陈女士两回。陈女士当时就想到了离婚，不知道疼爱自己妻子的男人根本就不算是个男人，与这样的人生活下去还有什么意义。事后，她的丈夫再三向她道歉，并且双方父母也力劝小两口，陈女士不忍伤父母的心就忍了下来。

丈夫在以后的日子对她也体贴入微，有时候她回来晚了，丈夫都把饭做好了。看着丈夫的变化，她也庆幸没有离婚。但没多久丈夫又开始打她了，而且从来不分时间、地点与场合，只有不顺心，就会拿陈女士出气。

有一次，在市区一家饭店门口，因为一点小事她没有顺从自己的丈夫，丈夫随手就给她两个耳光，在她还没有反应过来是怎么回事时，丈夫接着就对她大打出手，打得她口鼻出血，脑袋嗡嗡直响。绝望的陈女士在一家专门针对家庭暴力的受害妇女开设的接待所的帮助，决定不再给自己的丈夫机会。陈女士最终离开了自己的丈夫，远离了家庭暴力。接待所的人员很奇怪，因为陈女士完全离开了她的丈夫，其他很多到接待所寻求帮助的妇女也听了接待人员的劝说，表示不再给自己的丈夫机会，但是之后，她们总是无功而返，再一次忍受着家庭暴力。

当接待所的人员问她是如何做到这一点的时，陈女士说她在起初的时候也感觉不舍得，总觉得自己的丈夫还会"回心转意的"，再说离婚妇女再找到合适对象的机会也不是很多，于是就产生了还是凑合着过日子的想法。但是，每当她一个人坐下来的时候，她就想起了自己婚后所遭受的暴力与委屈，她就把夫妻之间糟糕的事情一件一件地联系起来，她就觉得很紧张和不安，任何时候想到这样的情景，她就感到很痛苦，觉得自己如果不离开丈夫就永远无法解脱。这时，她就下定决心，一定要离开自己的丈夫，那些"他会回心转意的""还可以凑合着过日子"的想法便烟消云散了。

这些一连串的受到暴力伤害的回忆所产生的影响一下子就损害了丈夫在她心目中的形象，这是一个根本的解决办法。

接待所工作人员决定让其他受到家庭暴力侵害的妇女利用同样的方法让她们快速摆脱家庭暴力。以下便是接待所人员所利用的技巧，运用过此种方法的妇女认为这是能够摆脱给她们带来伤害的人或处境的最有效的方法。经过这样的训练后，她们常会说："我现在对自己的丈夫已经没有任何感觉了"，"我的前任有了很大的改变"，"我已经摆脱了压力，可以正确处理任何事情了"。

这种方法不仅仅适用于受到伤害的家庭妇女，同样适用于任何处于困境而又希望摆脱困境的人。一位男性受益者仅仅试了一次，他的压力就消失了。他的妻子热衷于服饰和化妆品，谁能给她提供这些东西，她就与谁保持密切的关系。过不了一段时间，她又回到他身边。他再也不想这样下去了，可是每当他妻子回来的时候，他都不忍拒绝她，因为他总是希望她能够改掉恶习。经过练习，他最大限度地增强了自信——即使再次出现渴望她回来的感觉，他也能很好地摆脱掉。

以下便是这个技巧的完整版，其中一部分影响大小取决于你练习的速度。因此在开始练习之前就花上一段时间仔细阅读是十分重要的。如果在练习的过程中还要不时停下来搞清楚下一步该怎样做，你就会失去动力。现在就做好将进行巨大改变的准备，成功地摆脱任何困境。

第一步，回忆起一幅你和你的另一半或同居伴侣快乐地生活在一起的场景，就像看照片一样，注意那次愉快的经历对你现在产生的影响。然后，接着回忆几幅与你的另一半或同居伴侣在一起令你感到十分气愤或厌恶的痛苦经历。与此同时，也许你还会想起其他／她所做的侵犯你或伤害到你感情的事情。把它们都写在纸上，以便你随时提醒自己。

第二步，请具体地回顾那些痛苦的经历，就像你身临其境一样，一次回忆一段，慢慢地体会当时所感受的痛苦。

注意要点：在回忆观察你当时所看到的，倾听你当时所听到的，完全感受当时的痛苦与消极情绪。

第三步，用再长一点的时间回顾这次那些让你心碎的场景，一个接一个的回忆。然后，快速回顾这些痛苦的经历，直到这些糟糕的事情纠缠在一起，所有一再发生的糟糕事情之间没有任何空隙。

注意要点：每次都让里面的想象更大，色彩更亮，更艳丽，这样你的感觉会越来越强烈。

第四步，当你体内产生强烈的抵触心理时，把这种情感加在刚才快乐的场景中去，然后继续回忆痛苦的经历。

现在，请你再问问自己，在目前的状况下，起初的快乐场景与以后的接连不断的痛苦回忆，哪个对你触动更大，哪个对你更有吸引力？

想必是痛苦的经历更让你刻骨铭心，与多次的受伤害比起来，一次快乐的经历是微不足道的。通过这样的练习，相信你们在一起的快乐场景对你不会再具有吸引力了。现在开始，设想你已经走出了所有回忆，你所有与你的另一半或同居伴侣的场景或感情都已经离你远去，都已经成为过去。很多受到情感伤害的人只要做过一次这样的练习就可以完全摆脱对另一半或同居伴侣的希望和依恋。如果你想要加强效果，可以反复仔细地做这个练习。